Louis Ferrante

Von der Mafia lernen

Für Gabriella und ihre Mutter Angelika – ein Engel auf Erden,
der andere im Himmel.

Louis Ferrante

Von der Mafia lernen

Die Management-Geheimnisse der ehrenwerten
Gesellschaft

Übersetzung aus dem Englischen von Almuth Braun

REDLINE | VERLAG

Bibliografische Information der Deutschen Nationalbibliothek:

Die Deutsche Nationalbibliothek verzeichnet diese Publikation in der Deutschen Nationalbibliografie; detaillierte bibliografische Daten sind im Internet über http://d-nb.de abrufbar.

Für Fragen und Anregungen:

ferrante@redline-verlag.de

2. Auflage 2012

© 2011 by Redline Verlag, ein Imprint der Münchner Verlagsgruppe GmbH, München, Nymphenburger Straße 86
D-80636 München
Tel.: 089 651285-0
Fax: 089 652096

Übersetzung: Almuth Braun
Redaktion: Jana Stahl, Heidelberg
Umschlagabbildung: iStockphoto.com
Satz: HJR, Jürgen Echter, Landsberg am Lech
Druck: CPI – Ebner & Spiegel, Ulm
Printed in Germany

ISBN 978-3-86881-311-1

┌ *Weitere Infos zum Thema* ─────────────

www.redline-verlag.de
Gerne übersenden wir Ihnen unser aktuelles Verlagsprogramm.

»Das Organigramm[1] eines kriminellen Familienclans oder Kartells ist das Spiegelbild der Managementstrukturen eines Unternehmens. An der Spitze der Pyramide steht ein *Boss* – auch Pate oder Don genannt – oder Vorstandsvorsitzender. Direkt unter ihm steht ein sogenannter *Underboss* oder Vorstand sowie ein *Consigliere* (Berater). Danach folgen verschiedene *Capo*-Hierarchien (Vice Presidents) und *Soldati/Sgarriste* (Mitarbeiter nachgeordneter Hierarchiestufen, welche die Anweisungen ihrer Vorgesetzten ausführen). Wie Wirtschaftsunternehmen arbeiten kriminelle Vereinigungen oft mit externen Beratern.«

Fortune Magazine

Inhaltsverzeichnis

Eine Anmerkung des Autors

Die Leser meiner Memoiren mit dem Titel *Unlocked* wissen, dass ich die Namen in diesem Buch geändert habe, um die Unschuldigen zu schützen und die Schuldigen zu verstecken. Ich habe nie Mafiakollegen oder irgendjemand anderen verraten. Auch wenn ich im Gefängnis beschloss, die Mafia zu verlassen, bleibe ich meinen ehemaligen Partnern gegenüber loyal. In diesem Buch verwende ich mit wenigen Ausnahmen die echten Namen, da diejenigen, über die ich schreibe, tot oder im Gefängnis sind oder mit den Regierungsbehörden zusammengearbeitet haben. Nichts von dem, das ich hier schreibe, kann zu einer Anklage oder Verurteilung führen. Ich decke keine Verbrechen auf und gebe der Strafverfolgung keine Hinweise auf Zielpersonen. Ich hebe einzig und allein den ausgeprägten Geschäftssinn der Mafia hervor.

Ich entschuldige mich im Voraus für jeden vulgären oder auf andere Weise anstößigen Ausdruck.

Vorwort

Im alten Sparta erhielten Jungen im Alter von ungefähr zwölf Jahren eine besondere Erziehung, die darauf abzielte, ihre Intelligenz zu schärfen und ihnen die notwendigen Fähigkeiten zu vermitteln, um in einer rauen Welt zu überleben. In den Hügeln, die den militaristischen Stadtstaat umgaben, wurden die Jungen bis an die Grenzen des Hungertods getrieben und anschließend in die Stadt geschickt, um für ihr Überleben Lebensmittel zu stehlen. Dabei mussten sie clever und geschickt vorgehen. Wer sich erwischen ließ, wurde hart bestraft – nicht für das Stehlen, sondern für das Versagen.

Die Spartaner glaubten, ein junger Mann, der die Fähigkeiten eines Diebs beherrsche, würde im Leben weit kommen. Ich rate niemandem, ein Dieb zu werden, um erfolgreich zu sein, aber aus dem Studium der tieferen Natur erfolgreicher Krimineller lassen sich viele wertvolle Lektionen ziehen.

> »*Eine kriminelle Karriere in frühen Jahren[2] wies oft einen Mann mit einem starken Charakter und einer Zielrichtung aus*«.
> Edgar Snow, *Roter Stern über China*

Ich begann, mit zwölf Jahren zu stehlen. In meinen frühen Jahren als Teenager betrieb ich eine Autowerkstatt, in der gestohlene Autos ausgeweidet wurden; einige Jahre später überfiel ich meinen ersten Transporter und führte mit Anfang zwanzig meine eigene Gruppe an wesentlich älteren Männern innerhalb der Gambino-Familie. Man erwartete, dass ich noch vor Erreichen meines 21. Geburtstags einige der größten Coups in den USA landen würde.

In Ermangelung einer höheren Bildung verließ ich mich auf meine Instinkte, um mich in der fallenreichen, aber einträglichen Mafia-

Welt zurechtzufinden und viele Millionen Dollar für meine Familie beziehungsweise mein Unternehmen zu erzielen. Zu jedem beliebigen Zeitpunkt erfüllte ich in der Mafia drei verschiedene Rollen. Für die Gambino-Familie war ich ein *Sgarrista* oder Mitarbeiter; für meine eigene Gruppe war ich der Boss oder Vorstandsvorsitzende, und ich war mittleres Management, nahm Anweisungen von Mafiabossen entgegen und reichte sie an Untergebene weiter. Ich bin daher qualifiziert, um Menschen auf jeder organisatorischen Hierarchieebene Empfehlungen zu geben.

Ich wurde nie bei einer Straftat erwischt, allerdings wurde aufgrund der Angaben von heimlichen Informanten mehrmals gegen mich ermittelt.

Nach einem äußerst einträglichen Überfall wurde ich von der Polizei und FBI-Agenten festgenagelt, die mithilfe der Informationen dieser Verräter eine Liste von Anklagepunkten zusammenstrickten. Mir drohte eine lebenslange Gefängnisstrafe. Ich wurde aufgefordert, im Gegenzug für meine Freiheit mit den Behörden zu kooperieren und gegen andere Mafiosi auszusagen. Ich weigerte mich, meine Freunde und Partner zu verraten, und so handelten meine Anwälte eine Vereinbarung aus, nach der der Hauptinformant der Polizei aus dem Zeugenschutzprogramm der Regierung geworfen wurde. Ich wurde zu zwölfeinhalb Jahren Gefängnis verurteilt und in das Hochsicherheitsgefängnis in Lewisburg, Pennsylvania gebracht.

Im Gefängnis erkannte ich, dass Kriminalität falsch war. Sicher, das Leben ist ein Kampf, und wir können es nicht auf Knien verbringen, aber ich hatte nicht das Recht, andere Menschen zu Opfern zu machen. Ich beschloss, mein Leben zu ändern.

Hinter Gittern las ich mein erstes Buch. Zunächst war das nicht leicht; mein Vokabular war dürftig, meine Aufmerksamkeit ließ schnell nach, und ich hatte Schwierigkeiten, das, was ich las, zu begreifen. Ich kämpfte mich aber durch und entdeckte nach und nach die Freude am Lesen. Bald stapelten sich die Bücher auf dem Fußboden meiner Zelle, sie türmten sich unter meiner Pritsche und rund um die Toilette. Während die Wände der Zellen meiner Mithäftlinge mit nackten Frauen zugepflastert waren, hingen in meiner Zelle Landkarten. Über Jahre las ich jeden Tag so lange, bis mir die Augen wehtaten und ich sie vor Erschöpfung schloss. Dann schlief ich ein paar Stunden – genau so lange, bis sich meine Augen erholt hatten – und las weiter. Meine Zelle verwandelte sich in ein Klassenzimmer, in dem ich jedes denkbare Thema studierte. Es gelang mir, ganz allein einen meiner Prozesse in die Revision zu bringen. Nach achteinhalb Jahren wurde ich aus dem Gefängnis entlassen. In der Zwischenzeit hatte ich mir die Kunst des Schreibens beigebracht, indem ich die Romane der großen Meister des 19. Jahrhunderts analysierte, und ich hatte einen eigenen Roman verfasst.

Nach meiner Entlassung aus dem Gefängnis hegte ich die großartige Vorstellung, ich würde mich von kriminellen Handlungen und somit von der ganzen Bandbreite an Gangstern fernhalten, mit denen ich bis dahin täglich auf der Straße zu tun gehabt hatte. Ich träumte davon, meinen Platz in der Welt von Recht und Gesetz zu finden. Wie anders würde das sein, als das Leben, das ich bis dahin geführt hatte.

Zu meiner Überraschung stellte ich fest, dass meine Vorstellung von der gesetzestreuen Welt eine Fantasie war. Schon bald traf ich in der honorigen Gesellschaft auf Arschlöcher, die weitaus schlimmer waren, als viele Mafiosi, die ich kannte – die reinsten Wölfe im Schafspelz.

Als Kredithai hatte ich niemals die Zinsen irgendeines Schuldners erhöht. Wenn überhaupt, kassierte ich als Belohnung für pünktliche Zahlung niedrigere Zinsen. Kreditkartenunternehmen erhöhen Ihre Zinsen aber unabhängig von Ihrer Kredithistorie, und zwar ohne Ihre bewusste Zustimmung. Und all die versteckten Gebühren? »Das steht im Kleingedruckten«, sagte mir ein Kundenservicemitarbeiter. »Das hätten Sie lesen sollen.« Das ist so, als würde ich die Kommission eines Schuldners erhöhen und ihm sagen, »Als ich Ihnen das Geld geliehen habe, habe ich Ihnen diesen Teil zugeflüstert. Sie hätten mich verstehen sollen.«

Inkassobüros rufen Schuldner zu Hause an und belästigen jeden, der den Hörer abnimmt. Es ist ihnen völlig egal, ob Ihre Mutter oder

Großmutter kurz vor einem Herzinfarkt steht. Selbst schuld, zahlen Sie gefälligst! Sie können über die Mafia sagen, was Sie wollen, aber der Mafia-Kodex verbietet es den Mitgliedern, sich dem Zuhause eines Mannes auch nur zu nähern, geschweige seine Familie zu bedrängen.

Banken zwangsversteigern Häuser und setzen die Bewohner auf die Straße. Der Amtsrichter stellt eine gerichtliche Anordnung aus, versiegelt die Tür und wirft die Familie raus. Ich wette, jeder Familienvater, der das durchmacht, würde lieber mit uns zu tun haben. Sie haben vielleicht ein paar gebrochene Knochen oder ein ordentliches Veilchen; aber was soll's, das Haus gehört immer noch Ihnen.

Mal ehrlich, Mafiosi sind selbstsüchtige Menschen, die nur auf ihren persönlichen Gewinn aus sind, aber das sind Geschäftsleute auch. Mafiosi bringen sich vielleicht gegenseitig um, aber bei allen anderen üben sie ein wenig Nachsicht. Geschäftsleute, Banken und Kreditkartenunternehmen verfolgen jeden gleichermaßen gnadenlos.

>>*Wir bringen uns ausschließlich gegenseitig um.*<<[3]
Benjamin >>Bugsy<< Siegel

Als Mafioso war ich gefürchtet, folglich machten Geier einen Bogen um mich. Als gesetzestreuer Bürger wurde ich zur leichten Beute; jeder versuchte, mich abzuzocken und zu bescheißen.

Als ich aus dem Gefängnis kam, brauchte ich ein Auto und eine Wohnung. Immer wieder wurde ich von Verkäufern mit der alten Methode verarscht, immer wieder neue Bedingungen zu erfinden. Jedes Mal, wenn ich bereit war zu unterschreiben, kamen neue Klauseln hinzu.

Ich mietete eine Wohnung. Im Winter weigerte sich der Vermieter, die Heizung anzustellen, aber die Miete wollte der geizige Scheißer natürlich pünktlich haben. Ich musste eine Elektroheizung kaufen. Als ich die Wohnung kündigte und meine Kaution zurückhaben wollte, druckste er herum und behauptete, er habe kein Geld.

Dann sah ich mich nach einem Haus um. Alle Hypothekenberater versuchten, mich zu einem Kredit mit variablen Zinsen zu überreden, die – so schworen sie – niemals steigen würden. Ich wusste, dass sie logen. Als ich drohte, ich würde mit einem Baseballschläger zurückkommen, sollten die Zinsen doch steigen, gaben sie eilig zu, dass die Zinsen sehr wohl steigen könnten.

Ich kann nicht zählen, wie oft ich die Hände in die Luft warf und rief: »Was für eine Betrügerbande!« Ich fühlte mich von gierigen Raubtieren umgeben – ähnlich wie auf der Straße, oder schlimmer noch, im Gefängnis, wo ich jede Sekunde wie ein Schießhund darauf achten musste, nicht von hinten angegriffen zu werden.

Ich bin nicht der Erste, der feststellt, dass das Gefängnis eine Menge mit der normalen Gesellschaft gemeinsam hat. Jonathan Swift[4], Autor von *Gullivers Reisen* aus dem 18. Jahrhundert schrieb, Gefängnisinsassen seien, was die Moral betrifft, gar nicht so viel anders, als die Angehörigen der höheren Gesellschaftsschichten.

Wo wir gerade von Jonathan Swift sprechen: Ich fühlte mich wie Gulliver, gefesselt und eingebunden, während Menschen, die viel kleiner waren als ich, auf mir herumtrampelten. Es war an der Zeit aufzustehen.

Ich beschloss, meine aggressive Haltung zu reaktivieren, die ich mir in der Mafia – einer Welt, in der ich zunächst überleben musste, bevor ich erfolgreich sein konnte – zugelegt hatte.

> *»Wohingegen ich, verloren in der dunklen Menge, mehr Wissen,*
> *mehr Berechnung und Geschick anwenden musste,*
> *um einfach nur zu überleben, als ausreichend gewesen wäre,*
> *um alle Provinzen Spaniens für ein Jahrhundert zu regieren«!*[5]
> Figaro in Beaumarchais' *Die Hochzeit des Figaro*

Plötzlich hatte ich einen Riesenvorteil über diese kleinen Menschen. Meine Lebenserfahrung war der Trainingsboden für Erfolg.

Das Leben, das ich gelebt hatte und das ich oft bereute, war zudem ein Leben, das mich lehrte, wie ich mich gegen Raubtiere wehren, von Weitem einen Betrüger wittern und eine Schlange austricksen konnte. Das war das Leben, das mir beibrachte, mich auf mich selbst zu verlassen, in großen Zusammenhängen zu denken und an mich selbst zu glauben.

In der Mafia lernte ich, die Initiative zu ergreifen, neue Ideen zu entwickeln und umzusetzen. Ich lernte, mit Menschen zu kommunizieren. Ich schlichtete Streits zwischen Ärzten, Anwälten, Bankern und Maklern – Menschen mit beeindruckenden akademischen Titeln, denen die grundlegende Fähigkeit fehlte, Dinge auszudiskutieren. Nachdem ich in der Vergangenheit mit vielen unterschiedlichen Menschen zu tun gehabt hatte, konnte ich mich auf jedem Parkett bewegen, in der feinen Gesellschaft oder im Ghetto. Ich konnte mit einem Penner herumalbern oder eine Allianz mit einem Banker schmieden. Ich konnte mich mit jedem verständigen.

Außerdem entwickelte ich die Fähigkeit, Hindernisse zu überwinden. Manchmal schob ich sie einfach beiseite, manchmal ging ich direkt auf sie zu und kämpfte mich durch.

>>*Es wird keine Alpen geben.*<<[6]
Napoleon tat das größte Hindernis auf seinem Weg
zur Eroberung Italiens einfach ab.

(Napoleon war auf Korsika geboren und aufgewachsen – eine Insel, die ihre Gauner verehrte. Dieser heimische Einfluss blieb immer ein Teil von ihm. Und er herrschte über Frankreich wie ein Mafiaboss.)

Die Mafia setzt ihren Willen oft mit Waffengewalt durch. Aber nicht selten erreichen Mafiosi ihre Ziele auch, indem sie mit jemandem Freundschaft schließen, sich für diesen Menschen angenehm machen und dann einfach um das bitten, was sie wollen.

Nachdem ich meine Vorstellung über die >>gesetzestreue<< Gesellschaft überdacht hatte, stellte ich fest, dass meine neue Clique eine Menge mit meiner alten Clique gemeinsam hatte – sie war weniger gewalttätig, aber dafür manchmal listiger. Ich praktizierte weiterhin die zivilen Aspekte des Mafialebens, verabschiedete mich vom Rest und wurde erfolgreich. Die alten Spartaner wären stolz auf mich gewesen. Ich war das zeitgenössische Testament der spartanischen »Dieb-Theorie«.

Heute werden meine Memoiren *Unlocked* auf der ganzen Welt verkauft. Ich bin in allen möglichen Ländern im Fernsehen aufgetreten, habe vor unterschiedlichem Publikum Reden gehalten – vor hart gesottenen Strafgefangenen bis zu Bewährungshelfern, vor Jugendgruppen bis zu Rentnern und vor Colleges und Universitäten bis zu Wirtschaftsunternehmen und Bibliothekskonferenzen. In der Downing Street Nummer 10 wurde mir eine Auszeichnung für die Förderung der Literatur in Großbritannien verliehen, und ich wurde eingeladen, vor dem britischen Parlament zu sprechen.

Dieses Buch will die besseren Seiten der Cosa Nostra vermitteln, die sich alle Menschen zu eigen machen können.

Lernen Sie von der Mafia, wenden Sie die Lektionen an, und der Erfolg ist Ihnen sicher.

Wie die homerischen Griechen, die talmudischen Juden und die Geschichtenerzähler der amerikanischen Ureinwohner nutzen die älteren Mafiosi die Tradition der mündlichen Überlieferung, um den jungen Nachwuchs zu schulen und die Weisheit der praktischen Lebenserfahrung von der Straße weiterzugeben. Im Verlauf dieses Buches greife ich auf diese alte Tradition des Geschichtenerzählens zurück, um meine Weisheit weiterzugeben. Wo angebracht, ergänze ich sie um Mafiageschichten mit historischen Anekdoten, um deutlich zu machen, dass sich jede Lektion universell anwenden lässt und es nichts Neues unter der Sonne gibt. Wenn Sie wissen, was gestern geschehen ist, sind Sie darauf vorbereitet, was aller Wahrscheinlichkeit nach morgen passieren wird.

Einführung

Die Mafia ist das älteste Unternehmen der Geschichte. In guten Zeiten floriert es, so wie alle anderen Wirtschaftsunternehmen auch. Bei schlechter Konjunktur geht es ihm sogar noch besser. Aufschwung oder Abschwung machen für die Mafia keinen Unterschied.

Al Capones Suppenküchen ernährten während der Großen Depression jeden Tag viele Tausend Menschen. Warum war Al in der Lage, so viel Suppe auszuteilen? Wie gelang es Bugsy Siegel und Meyer Lansky, sich ein viele Billionen Dollar schweres Vergnügungsparadies namens Las Vegas auszumalen, wo ihre gesetzestreuen Zeitgenossen lediglich eine verschlafene Kleinstadt inmitten einer Wüstengegend sahen? Warum gedeiht die Mafia in diesem Moment der wirtschaftlichen Unsicherheit prächtig und kauft im ganzen Land Immobilien auf, während Millionen anderer Menschen versuchen, eine Zwangsversteigerung abzuwehren?

Tatsache ist, dass die erfolgreichsten Mitglieder der Mafia bei all ihrem wohlverdienten Ruf, gewalttätig zu sein, stets bemerkenswert clevere Geschäftsleute gewesen sind, die einen ungewöhnlich ausgeprägten unternehmerischen Verstand unter Beweis stellen – und eine Reihe stark ausgeprägter Werte, die auf ihrem einzigartigen Hintergrund basieren.

> *»Mr. Persico, … Sie sind einer der intelligentesten Menschen, die ich je getroffen habe.«*[7]
> Richter Keenen über Don Carmine Persicos
> Eigenverteidigung vor Gericht.

Diese Menschen wären in jedem beliebigen Geschäftsfeld erfolgreich gewesen. Tatsächlich verdienten viele Mafiosi ihr Vermögen mit Aktivitäten, die nichts mit organisiertem Verbrechen zu tun hatten. Sie wandten ihren Scharfsinn, den sie auf der Straße erworben hatten, bei rechtmäßigen Aktivitäten an und verdienten damit Millionen.

»Seine Intelligenz und Persönlichkeit wären ihm
bei legalen Geschäften sehr zugute gekommen.«[8]
Richterin Joanna Seyberts Anmerkung im Rahmen der
Urteilsverkündung für Don Alphonse »Allie Boy« Persico,
Sohn und Nachfolger von Don Carmine Persico

Mafiosi, die sich an den täglichen Kampf ums Überleben gewöhnt haben, sind gut gerüstet, um auf jedem Gebiet und unter allen Umständen zu triumphieren. Ihre Fähigkeit, andere zu beherrschen, lässt sich leicht auf jedes andere Gebiet übertragen. Mafiosi, denen der Wechsel in die gesetzmäßige Welt gelungen ist, haben das geschafft, indem sie sich ihre aggressive Natur bewahrt haben, diese aber im Zaum halten, um andere Menschen nicht gänzlich davon abzuschrecken, Geschäfte mit ihnen zu machen. Statt ihrer typischen Druckmittel setzen sie nun felsenfestes Auftreten in Kombination mit einer charismatischen Überzeugungskraft ein. Kurzum, sie haben ihre Pistolen und Messer beiseite gelegt und dafür ihre anderen darwinistischen Überlebensfähigkeiten verbessert.

»Mafiafamilien sind aus ganz besonderem Holz geschnitzt:
Ihre Mitglieder verfügen über besonders ausgeprägte
aggressive Triebe und Jagdinstinkte.«[9]
Pino Arlacchi, *Mafia Business*

Einige Mafiosi, die ich kenne, die in die Welt von Recht und Gesetz gewechselt sind, haben ein wenig länger gebraucht, bis sie ihre alten Mafiagewohnheiten abgelegt haben. Zu Beginn setzten sie ihre Wettbewerber massiv unter Druck, schüchterten sie ein und zwangen andere, mit ihnen Geschäfte zu machen. Es ist nicht leicht, alte Gewohnheiten abzuschütteln. Doch selbst bei diesen Männern führt rechtmäßiger Erfolg unweigerlich dazu, dass sie dem Verbrechen abschwören. Warum eine Gefängnisstrafe riskieren, wenn derart viel

Geld auf dem Spiel steht? Warum sich wie ein Straßengangster aufführen, wenn man es nicht muss? Warum ein Imperium aufbauen, um es anschließend mit Betrug zu zerstören?

Viele meinen, selbst wenn ein Mafioso in der legalen Geschäftswelt auf Druck und Zwang verzichtet, würde diese Drohung doch immer im Hintergrund lauern. Daher müsse ein Mafiosi nicht viel tun, um in einem bestimmten Viertel Fuß zu fassen, einen Auftrag zu ergattern oder eine Braut zu erobern. Stimmt, einige Mafiosi genießen die Vorteile ihrer Reputation. Aber genauso viele unternehmen große Anstrengungen, um ihre Verbindungen zur Unterwelt zu verstecken.

Zwanzig Jahre lang wusste niemand in meinem Viertel Flushing, Queens, dass der lokale Key-Food-Supermarkt einem hochrangigen Mafioso gehörte, bis die Zeitung diese Neuigkeit verbreitete. Tatsächlich war Patsy Conte, *Capo* der Gambino-Familie, Besitzer mehrerer Supermärkte und saß im Verwaltungsrat der gesamten Key-Food-Supermarktkette.

Conte drohte nie, »Kauf in meinem Supermarkt, oder …!« Stattdessen saß er still in seinem Büro und überlegte sich, wen er in eine leitende Position berief, welche Produkte er verkaufen wollte und wo er das frischeste Fleisch und das kostengünstigste Obst und Gemüse bekam. Conte hatte Hunderte, wenn nicht Tausende Mitarbeiter auf seiner Gehaltsliste. Nicht schlecht für einen Mafioso, oder?

Ich könnte auf Anhieb ein Dutzend äußerst erfolgreiche Unternehmen nennen, die ganz oder zum größten Teil von aktiven und ehemaligen Mafiosi geleitet werden. Dabei handelt es sich um völlig legale Unternehmen. Keines arbeitet mit Mafiamethoden und dennoch verdanken sie ihren Wohlstand dem Geschäftssinn der Mafia – poliert und geschliffen zur gesetzmäßigen Verwendung.

Mithilfe ihrer starken, sympathischen Persönlichkeiten haben sich die Mafiosi zu vielen Bereichen überraschenderweise Zugang verschafft.

*»Wenn man von dem kriminellen Anteil in ihrem Leben absieht,
können einige von ihnen sehr angenehme Menschen sein.«[10]*
Rudolph Giuliani, ehemaliger Bürgermeister von New York

Die Mafia hat sich ihren Weg in die Vatikanstadt nicht freigeschossen. Vielmehr wurde sie 1971 eingeladen, die Finanzen der katholischen Kirche zu beaufsichtigen. Ihre profitable Amtsführung fand 1978 nach dem verdächtigen Tod eines Papstes (möglicherweise durch die Hände eines Ränkeschmieders aus den eigenen Kreisen des Vatikans) ein abruptes Ende.

Niemand hielt US-Präsident Jimmy Carter eine Pistole auf die Brust, als er den Gambino-*Capo* Anthony Scotto als Kandidaten für das Amt des Arbeitsministers ernannte. Ronald Reagans Arbeitsminister Ray Donovan stand unter dem Verdacht, gemeinsame Sache mit der New Yorker Genovese-Familie zu machen. Ich bin nicht sicher, ob Reagan klar war, wie nahe seine Worte der Wahrheit kamen, als er sagte, »Heute reicht die Macht des organisierten Verbrechens bis in jedes Segment unserer Gesellschaft.«[11]

Wie gelingt es einem Mafioso, einem einfachen Straßengangster – in einen Anzug geschüttelt und mit Rasierwasser besprüht –, sich in den Vatikan, das Weiße Haus und den Verwaltungsrat einer Supermarktkette vorzuarbeiten?

Wenn wir unsere Vorurteile beiseite lassen, werden wir feststellen, dass erfolgreiche Mafiosi nicht sehr viel anders sind als Wirtschaftsführer oder politische Führer. Die Mafia hat die gleiche Machtstruktur wie eine Regierung oder ein Unternehmen. In allen drei Organisationen ist die gleiche Cleverness nötig, um nach oben zu kommen. Fast alle unsere zentralen Regierungsämter werden von erfolgreichen ehemaligen Unternehmensführern ausgefüllt. Ihr Wechsel in Regierungspositionen vollzieht sich deswegen reibungslos, weil sich die grundlegenden Erfolgseigenschaften, sobald sie erkannt und erworben wurden, auf jedes Gebiet anwenden lassen.

Die menschliche Natur verändert sich nicht, und eine Person, die über diplomatische Fähigkeiten, Führungskompetenz und die Fähigkeit verfügt, andere zu motivieren, kann in jeder Organisation erfolgreich sein, ob es die Regierung, ein Unternehmen oder die Mafia ist.

Ob Sie Polizeiwissenschaften studieren oder einen MBA-Diplom erwerben oder einfach nur hungrig auf Erfolg sind, es lohnt sich, das schwarze Schaf dieses Macht-Trios näher zu betrachten: die Mafia.

>>*Diese kriminellen Banden haben eine solche Macht, dass sie in diesem Land eine Regierung innerhalb der Regierung bilden.*<<[12]
Anhörungsverfahren vor dem Kefauver-Ausschuss*

Thomas Petrizzo, *Capo* der Colombo-Familie, verließ mit 16 Jahren die Schule. Bis in seine Vierziger scheiterte er mit allen geschäftlichen Unternehmungen. Doch dann hatte er auf der Straße genügend Scharfsinn und praktische Erfahrung erworben, um mit jedem Unternehmen erfolgreich zu sein. Am Ende lieferte er Stahl für große Bauprojekte und verdiente mehr als 50 Millionen Dollar pro Jahr. Als Petrizzo wegen illegaler Mafiageschäfte verhaftet wurde, waren seine Kollegen in der Stahlbranche bass erstaunt.

Einer der Spitzenmanager unserer Stahlindustrie sagte: >>[Petrizzo] war einer der aufrichtigsten und ehrlichsten Menschen, die ich jemals im Geschäftsleben kennengelernt habe; sein Service und sein Wort waren Gold wert.<<[13]

>>Sein Wort ist Gold wert<< ist ein Schlüsselsatz, den die Mafia verwendet, wenn sie sich für jemanden verbürgt oder einen mündlichen Lebenslauf weitergibt. Jeder, der dieses Triple-A-Rating erreicht, wird unweigerlich reich werden.

>>*Mein Wort ist besser als alles andere, was ich anzubieten habe.*<<[14]
Salvatore Profaci, *Capo* und Sohn von Joe Profaci,
Gründer der Colombo-Familie

---

* Benannt nach dem demokratischen Politiker Estes Kefauver, Vorsitzender des Sonderausschuss des US-Senats zur Bekämpfung der organisierten Kriminalität. (A.d.Ü.)

Petrizzo war umfangreich an dem Bau einiger der größten Projekte von New York beteiligt: dem World Financial Center, dem I.B.M.-Gebäude, South Street Seaport und Battery Park City, um nur einige zu nennen.[15]

Tatsächlich wurde jeder Bauboom in New York von Unternehmen angeführt, die entweder der Mafia gehörten oder ihr angeschlossen waren. Das rasante Wachstum der Skyline von Manhattan wäre ohne die Bauunternehmer, die Baumaschinen und die geschmeidige Gewerkschaftsführung der Mafia ernsthaft ins Stocken geraten. In den 1980er-Jahren kam eine Studie der Sondereinheit für organisiertes Verbrechen des Staats New York zu der Feststellung, dass die führenden Bauentwickler des Landes lieber mit der Mafia zusammenarbeiteten als mit den legalen, aber äußerst launenhaften Gewerkschaftsführern.

> *»Der heutige Erfolg der Mafia in Amerika geht ohne Frage auf ihren exzellenten Service, aber noch wichtiger, auf die Loyalität ihrer viele Millionen zählenden zufriedenen Kunden zurück.«*[16]
> Nicholas Pileggi, *The Saturday Evening Post*

Auf jeder Baustelle in New York finden hinter jedem Erdhaufen Millionen kleiner Korruptionen statt, von denen jede einzelne eine eigene Schlagzeile wert wäre. Auf diesem Geflüster und dem Austausch von Briefumschlägen erhebt sich jeweils ein weiterer Wolkenkratzer in Manhattan. Die Hauptstadt der Welt, Sitz der Vereinten Nationen und Hintergrundkulisse der Freiheitsstatue wurde zum großen Teil von schwer arbeitenden Immigranten erbaut – unter der heimlichen Führung der Cosa Nostra.

Teil I:

Lektionen für Sgarriste (Mitarbeiter)

>*»Guten Morgen, meine Herren … dies ist die Neun-Uhr-Besprechung*
der Unterwelt von Chicago.« [17]
Murray, »The Camel« Humphreys,
Berater der Mafia von Chicago

Lektion 1

Machen Sie ihnen ein Angebot, das sie nicht ablehnen können: Eine todsichere Methode, um eingestellt zu werden

Wie wird man Mitglied in der Mafia?

Erstens müssen Sie es werden wollen, so wie jeder andere potenzielle Mitarbeiter, der eingestellt werden will. In New York ist es hilfreich, wenn ein enges Familienmitglied zu einer der fünf Mafiafamilien gehört, zum Beispiel Ihr Vater oder Ihr Onkel. Sollte das der Fall sein, werden Sie wahrscheinlich Mitglied derselben Mafiafamilie.

Wenn Ihre engsten Familienangehörigen keine Verbindungen zur Mafia haben, und das war bei mir der Fall, dann sind Sie ein Cowboy, ein Straßenganove beziehungsweise ein frei agierender Gangster, der zu keiner Bande gehört.

Die Mafia hat überall ihre Headhunter – genauso wie Unternehmen. Wenn Sie ein Straßengangster mit einem guten Namen sind, wird irgendein Mafioso einer der fünf Familien Sie finden. Anschließend wird der Mafioso einen exklusiven »Anspruch« auf Sie erheben. Das hat für beide Seiten Vorteile. Der Mafioso erschließt eine neue Einnahmequelle, während der Straßengangster auf die kollektive Macht der Familie zurückgreifen kann. Damit steigen seine Aussichten, mehr zu verdienen, als er jemals als unabhängiger Straßenganove hätte verdienen können.

Anders als in der Unternehmenswelt bekommen Sie, nachdem Sie von einer Mafiafamilie »beansprucht« – das heißt eingestellt – wurden, keinen wöchentlichen Gehaltsscheck, keine Krankenversicherung, keinen bezahlten Urlaub und keine Lohnfortzahlung im Krankheitsfall. Sie bekommen einen Scheißdreck, das heißt, einen mickrigen Anteil von dem, was Sie für das Unternehmen verdienen.

Welcher Boss würde nicht gerne einen Mitarbeiter einstellen, der nur einen geringen Prozentsatz von dem erwartet, was er für das Unternehmen einnimmt?

Sagen Sie irgendeinem potenziellen Arbeitgeber, Sie wollten keinen wöchentlichen Gehaltsscheck und kein Garnichts, sondern nur einen kleinen Anteil von dem, was Sie für das Unternehmen einnehmen. Dann werden Sie wahrscheinlich ruckzuck eingestellt. Sicher, einige Spitzenunternehmen lehnen Ihr Angebot vielleicht ab, wenn sie sehr wählerisch sind, aber ein hungriges Unternehmen wird das nicht.

Wenn Sie glauben, diese Einstellungsmethode der Mafia gelte nicht für die Unternehmenswelt, irren Sie sich.

Einst regelte ich für einen reichen Typen von der Wall Street eine Auseinandersetzung. Nachdem der Job erledigt war, holte er uns mit seiner Limousine ab und fuhr uns nach Atlantic City. Unterwegs fragte ich ihn, wie er an der Wall Street begonnen habe.

Er sagte, er habe bei einem Maklerhaus in Long Island angefangen. »Ich bin einfach hineingegangen und habe nach dem Geschäftsführer gefragt«, erklärte er. »Alles, was ich wollte, war eine Chance, um mich zu beweisen. Kein festes Gehalt, nur einen Monat mit einem Schreibtisch und einem Telefon.«

Der Geschäftsführer war über seine Chuzpe amüsiert und sagte ihm, er könnte mit Kaltakquise beginnen, da ihm ein bestimmter Abschluss fehle, der ihn als Aktienmakler qualifiziere. In diesem ersten Monat erzielte er mit seinen Neukontakten mehr als 10.000 Dollar an Maklergebühren für sein neues Unternehmen. Bevor das erste Jahr herum war, machte er den Abschluss als Makler und wurde zum Spitzenverdiener der Firma.

Er strahlte Selbstvertrauen aus. Der Geschäftsführer, der ihn eingestellt hatte, erkannte, dass sich dieses Selbstvertrauen in Gewinn umsetzen würde.

> *[Chris] Rosenberg war ein kleiner Drogenhändler,*
> *aber DeMeo gefiel sein Stil. Chris war hartnäckig,*
> *rotzfrech und entschlossen zu verkaufen.«* [18]
> Mobsters: Roy DeMeo

Ich lachte und antwortete: »Bei der Mafia beginnen wir ganz genauso – reine Provisionsbasis.«

Einst las ich, Warren Buffett, der reichste Mann der Welt, habe so angefangen wie wir und seinen Schweiß für einen kleinen Anteil von dem angeboten, was er für seinen Arbeitgeber verdiente. Können Sie sich vorstellen, Warren Buffet für Peanuts einzustellen?

Selbstvertrauen ist ein Vermögenswert; etwas, das man nicht aus einem Lebenslauf herauslesen kann. Stellen Sie Kontakt zu Menschen her. Zeigen Sie Ihren Ehrgeiz. Zeigen Sie ihnen, dass Sie jemand mit Eigeninitiative sind. Jeder sucht nach einer guten Investition; diese nächste Investition sollten Sie sein.

Lektion 2

Aus Prinzip! Wann Sie Ihren Standpunkt unmissverständlich klarmachen sollten

Alex besaß ein Restaurant in Manhattan. Sein Hobby waren Football-Wetten, und er verschuldete sich bis über beide Ohren bei einem Wettagenten, mit dem ich befreundet war.

Alex' Restaurant war jeden Abend rammelvoll. Die Liste mit den Reservierungen war lang, und dennoch jammerte er ständig, er könne seinen Wettagenten nicht bezahlen. Also hetzte dieser ihm drei Schläger auf den Hals, um ihm die Knochen zu brechen.

»Es ist mir egal, ob er euch anbietet, sofort zu zahlen«, erklärte der

Wettagent den Schlägern, bevor sie sich auf den Weg machten. »Es ist zu spät; jetzt geht es um das Prinzip.«

Natürlich versuchte Alex, die drei Schläger zu beschwichtigen, kaum dass sie – kurz vor Restaurantschluss – durch die Tür kamen. Die Schläger hielten sich an die Anweisungen meines Freunds und lehnten Alex' Angebot ab, an Ort und Stelle seine Schulden zu begleichen. Sie schlugen das Restaurant kurz und klein.

Am Ende zahlte Alex seine Schulden zurück. Ich fragte meinen Freund, den Wettagenten, warum er an jenem Abend Alex' Geld abgelehnt hatte. Wenn man viele Hundert Schuldner hat, so erklärte er mir, ist es am besten, den Ruf eines Geschäftsmannes zu haben, der auf Prinzipien besteht.

»Wenn eine Bank niemals ein Auto pfänden würde«, so sagte er, »wer würde dann noch seinen Autokredit zurückzahlen?«

Die meisten von uns vertraten die Haltung »Nimm die Kohle und hau ab.« Wie viele von uns sind bereit, auf einem Prinzip zu bestehen und einen kurzfristigen Verlust hinzunehmen, um langfristige Nutzen zu erzielen?

> *»Wir können nicht zulassen, dass uns diese beschissenen Arschlöcher zum Narren halten. Wenn sich das auf der Straße herumspricht, sind wir erledigt.«* [19]
> Mafioso Carmine Genovese

Don Salvatore Maranzano war einer der ersten amerikanischen Mafiabosse. Er studierte das Römische Reich und strukturierte seine Mafiaorganisation nach den alten römischen Legionen. Das heißt, er ernannte *Capos*, die die Rolle der Legionäre ausfüllten, die über eine Legion von Soldaten herrschten. Er selbst imitierte Julius Cäsar und machte sich zum Imperator über seine Capos. Ironischerweise wurde Maranzone, genau wie sein Vorbild Cäsar, von seinen eigenen Leuten ermordet. Doch während er an der Macht war, hielt er streng an seinen Prinzipien fest – ebenfalls wie Cäsar.

Julius Cäsar ergriff nach einem blutigen Bürgerkrieg gegen seinen Erzfeind Pompeius in Rom die Macht. Nachdem Pompeius den Krieg verloren hatte, flüchtete er nach Ägypten. Nach seiner Ankunft wurde er heimtückisch ermordet. Die Mörder machten Cäsar seinen Kopf zum Geschenk.

Vielleicht meinen Sie, Cäsar hätte sich geschmeichelt gefühlt, weil die Ägypter so weit gegangen waren, um ihm zu gefallen, dass sie ihm den Kopf seines Gegners darbrachten. Cäsar ließ Pompeius Mörder aber unverzüglich hinrichten. Für ihn war das eine Frage des Prinzips. Auch wenn Pompeius sein erklärter Feind war, war er immer noch ein Römer. Und niemand hatte das Recht, einen Römer zu töten, außer der römischen Regierung, das heißt Cäsar selbst. Wo hätte das geendet, wenn er diesen Mord hätte durchgehen lassen?

Wie Cäsar rächt die Mafia die nicht sanktionierte Ermordung eines Mitglieds, selbst wenn dieses Mitglied verhasst war und den Tod verdiente. Aus diesem Grund wurden nur sehr wenige Mafiamitglieder ohne die Genehmigung des Bosses ermordet.

Die Mafia beharrt auf Prinzipien (wenn es machbar ist), und zwar aus Gründen des langfristigen Gewinns und des reinen Überlebens.

Lektion 3

Warum sind die Mafiosi in der Zeitung so alt? Tun Sie das, was Sie tun, wirklich gerne, und Sie werden keinen einzigen Tag in Ihrem Leben arbeiten

Einen Mafioso, der von neun bis fünf arbeitet und mit sechzig in Rente geht, gibt es nicht. Alle diese alten Mafiosi, deren Fotos in der Zeitung erscheinen, hätten schon Jahre vor diesen peinlichen Fahndungsfotos in den Ruhestand gehen können. Aber sie liebten ihren Job und konnten einfach nicht aufhören.

Der Mafiaboss von Louisiana, Carlos Marcello, und der Boss von Chicago, Anthony Accardo, hatten beide viele Millionen Dollar auf der hohen Kante – genug, um für hundert Leben in Reichtum zu schwelgen. Dennoch waren beide mit Mitte achtzig immer noch voll aktiv.

Bonanno-Boss Joe Massino war ein Multimillionär. Während er in Pennsylvania auf der Flucht war, ging er in eine Apotheke und klaute eine Schachtel Aspirin. Dieses Kavaliersdelikt führte zu seiner Verhaftung. Dieses Missgeschick bereitete ihm größere Kopfschmerzen, als die, für die er die Aspirin gebraucht hatte. Warum klaute ein mehrfacher Millionär, dem jeden Tag säckeweise Geld überbracht wurde, eine armselige Schachtel Aspirin? Weil Diebstahl Joes Geschäft war. Und das liebte er.

> *»Was Sie an Jimmy [Burke] verstehen müssen, ist, dass er für sein Leben gern stahl. Er atmete und ernährte sich von Diebstahl. Ich glaube, wenn Sie Jimmy eine Milliarde Dollar angeboten hätten, damit er nicht mehr stiehlt, hätte er das abgelehnt und sich anschließend überlegt, wie er Ihnen dieses Geld stehlen kann. Es war das einzige, das ihm Spaß machte. Es hielt ihn lebendig.«*[20]
> Henry Hill, zitiert von Nicholas Pileggi in seinem Werk *Wiseguy*

Sammy »der Bulle« Gravano besaß mehr als zehn Millionen. Obwohl er mehr Menschen umgebracht hat, als ich zu einer Hochzeit einladen kann, ließ sich die Regierung von ihm an der Nase herumführen und ließ ihm im Austausch für Informationen über seine Partner den größten Teil seines dreckigen Vermögens. Gravano wurde von Richtern, Staatsanwälten und Polizeioffizieren, die allesamt einen kleinen Karriereschub erfuhren, nachdem sie mit Gravanos Hilfe andere Mafiosi verurteilen konnten, als amerikanischer Held gefeiert. Kaum hatte er seine zweite Chance in Freiheit erhalten, gründete Gravano einen internationalen Drogenring und brachte alle, die ihn einen Helden genannt hatten, in schwere Verlegenheit.

Gravano hatte alle seine alten Freunde verraten. Es ist kaum zu glauben, dass seine neuen Freunde in der Regierung etwas anderes von ihm erwarteten. Außerdem liebte er, was er tat – das Verbrechen –, und kehrte bei der ersten Gelegenheit in die Kriminalität zurück.

Der geschäftsführende Boss Anthony »Gaspipe« Casso verursachte einen Riss in der Lucchese-Familie, der beinahe in einem Bürgerkrieg endete. Während dieser Konflikte wurde ein Mafioso, den ich hier Jake nennen will, zu Gaspipe gerufen.

Jake war ziemlich sicher, dass Gaspipe plante, ihn umbringen zu lassen, und das sagte er mir.

»Warum gehst du hin, wenn du glaubst, dass er dich umbringen will?«, fragte ich.

Jake sah mich ungläubig an.

»Ich liebe dieses Leben«, so seine Antwort. »Und zwar so sehr, dass ich dafür sterbe.«

> *»Ich gehe zu einer Besprechung, und ich weiß nicht,*
> *ob ich zurückkommen werde.«*[21]
> Capo Dominick Napolitano zu einem Freund,
> nachdem er diesem seinen Schmuck übergeben hatte.

Vincent »das Kinn« Gigante liebte seinen Job so sehr, dass er den Löwenanteil der Familiengewinne seinen Capos überließ. Jedes Mal, wenn eine Sitzung der Ranghöchsten einberufen wurde, um über Geld zu diskutieren, stritt er sich mit den anderen Mitgliedern der Kommission*. Er fand, die Besprechungen sollten dazu dienen, für Frieden unter den Familien zu sorgen, Strategien und Maßnahmen vorzugeben oder Regeln durchzusetzen, aber nicht, Geldscheine zu zählen.

Ich selbst liebte es, Mafioso zu sein. Das bestimmte mein ganzes Dasein und jede Minute meiner Wachzeit. Heute macht es mir noch mehr Spaß, Autor zu sein – ein Job, bei dem ich jede Minute meiner Wachzeit lesen und schreiben kann. Zwingen Sie mich, etwas zu tun, das mir keinen Spaß macht, und ich bin ein faules Arschloch.

---

* Die »Kommission« ist das Führungsgremium der fünf herrschenden Mafiafamilien der USA. (A.d.Ü)

Wenn Sie feststellen, dass Sie freiwillig unbezahlte Überstunden machen, dann haben Sie etwas gefunden, das Ihnen Spaß macht. Suchen Sie so lange, bis das passiert. Nicht jeder kann seinen Job lieben. Es gibt eine Menge stinklangweiliger Jobs auf dieser Welt, aber diejenigen, die mit langweiligen Jobs zufrieden sind, lesen dieses Buch nicht.

Nur wenige Menschen haben das Glück, aus den Dingen, die ihnen Spaß machen, einen Broterwerb zu machen. Geben Sie sich nicht mit weniger zufrieden, und Sie werden einer dieser Menschen sein.

Wenn Sie jemals über Hannibal gelesen haben, wissen Sie, dass er sein Heer wie ein Mafiaboss führte: unbedingter Gehorsam, Tod für Verräter und stehlen, wo sich die Gelegenheit bietet.

Hannibal war aus Karthago, und Karthago führte Krieg gegen Rom.

Auf seinem Weg über Spanien nach Rom traf Hannibal bei der Überquerung der Alpen auf große Schwierigkeiten. Abgesehen vom schlechten Wetter schlug ihm erbitterter Widerstand entgegen. Die Stämme in den Alpen bildeten schlagkräftige Gruppen, die seine Soldaten links und rechts niedermetzelten.

Hannibal wurde immer verdrossener; diese alpinen Mörderbanden waren verdammt gut.

Eines Tages gab ein Verräter Hannibal einen Tipp. Er sagte ihm, die Stammeskrieger, die seine Männer tagsüber angriffen, gingen jeden Abend nach Hause, vögelten ihre Frauen und schliefen betrunken ein.

Am nächsten Abend, nachdem die Stammeskrieger ausgestempelt hatten und nach Hause geeilt waren, nahm Hannibal mit seinen Truppen die Höhen ein.

Am folgenden Morgen kamen diese Vierzig-Wochenstunden-Krieger zur Arbeit und wurden nach allen Regeln der Kunst fertiggemacht. Hannibal brach durch den Bergpass und machte sich auf den Weg, Rom zu erobern.

Die Römer rissen sich allerdings auch den Arsch auf, weil sie ebenfalls liebten, was sie taten, und so wartete auf Hannibal eine schwere Schlacht. Hannibal und Rom veränderten jedoch die Welt und machten Geschichte, während sich kein Schwein an die faulen Stammeskrieger in den Alpen erinnert. Wer wären Sie lieber?

Lektion 4

Verstecken Sie Ihre Knarre und helfen Sie dem alten Mann über die Straße: Familienwerte

Es war ein sonniger Nachmittag. Vier Männer, meine Person eingeschlossen, saßen mit Maschinenpistolen in einem Wagen. Wir parkten gegenüber von einem Transportunternehmen und warteten darauf, dass ein Lastwagen das Warenlager verlassen würde, damit wir ihn einige Blocks weiter überfallen konnten.

Plötzlich trat vom gegenüberliegenden Bürgersteig ein alter Mann auf die Straße und wollte diese in unsere Richtung überqueren. Da er sich sehr langsam bewegte, kamen die Autos bald von beiden Seiten auf ihn zu. Ihm muss schwindelig geworden sein, jedenfalls begann er zu taumeln und fiel hin. Alle vier ließen wir unsere Maschinenpistolen fallen, sprangen aus dem Auto, rannten auf den Mann zu und winkten die herannahenden Autos zur Seite. Dann trugen wir den alten Mann an den Straßenrand, wo er wieder zu sich kam. Nach einigen Minuten halfen wir ihm auf die Beine und ließen ihn gehen.

Inzwischen hatte sich eine kleine Menschenansammlung um uns herum gebildet. Nun, da uns alle potenziellen Zeugen gesehen hatten, war unser eigentliches Vorhaben erledigt. Wir gingen zurück zum Auto und fuhren zum Mittagessen.

Wir verfluchten den Zeitpunkt, zu dem uns der alte Mann in die Quere gekommen war, aber keiner von uns bereute, ihm geholfen zu haben. Es gab andere Lastwagen, die wir entführen konnten, aber dieser alte Mann hatte nur ein einziges Leben. Ich will damit nicht sagen, dass wir Engel waren – vielleicht gefallene Engel. Immerhin waren wir kurz davor, jemandem eine Pistole an den Kopf zu halten. Aber so schlecht wir auch waren, hatte man uns zu Hause und in der Mafia beigebracht, ältere Menschen zu respektieren.

Aus diesem Grund waren wir vier uns einig und bereit, eine Beute in Millionenhöhe fahren zu lassen, um einem alten Mann zu helfen. Jeder Mafioso, dem wir an diesem Tag erzählten, was uns passiert war, lachte und machte Witze, aber alle stimmten zu, dass wir richtig gehandelt hatten.

> *»Mensch, Charlie, warum hast du diesen furchtbaren Fehler gemacht*
> *und bist mit Giuseppe mitgegangen? Er ist nicht von deiner Art.*
> *Er hat keinen Sinn für Werte.«[22]*
> Salvatore Maranzano zu Charles »Lucky« Luciano.

Bei all ihrer brutalen Gewalttätigkeit hat die Mafia einen Sinn für Werte. Im Rückblick muss ich der Mafia sogar den Verdienst an einigen meiner besseren Eigenschaften zuschreiben. Die Liste der Dinge, die ich dort gelernt habe, ist lang: Sei geradeheraus; versprich nichts, was du nicht halten kannst; Schulden zurückzuzahlen ist genauso wichtig wie Schulden einzutreiben; respektiere das Zuhause anderer Menschen; sei nicht nachtragend …

In der Mafia gehören diejenigen zu den besten Verdienern, die die Werte der Organisation leben.

Jedes Unternehmen sollte einen Wertekatalog haben, und jeder Mitarbeiter sollte sich mit diesen Werten identifizieren. Dieser gemeinsame Boden wird sich im Unternehmensimage und in seinen Geschäftspraktiken widerspiegeln.

Wenn die Treue zu bestimmten Werten, egal wie verdreht sie auch sein mögen, in einer kriminellen Vereinigung wie der Mafia zum Erfolg führt, wie viel mehr Erfolg werden echte Werte Ihnen und Ihrem Unternehmen in der Welt von Recht und Gesetz bringen?

Sgarrista: »Ich mache nichts anderes als kaufen und verkaufen.«

Capo: »Ich will nicht, dass du diesen Scheiß verkaufst.«

Sgarrista: »Aber da ist eine Menge Geld drin. Die ganze Branche macht das. Wir können nicht wettbewerbsfähig bleiben, wenn wir da nicht mitmachen.«

Capo: »Wenn du damit nicht aufhörst, bist du tot.«

Gambino-*Capo*, der einen *Sgarrista* aus der Porno-Branche unter Androhung, ihn ermorden zu lassen, aufforderte, keine Kinder- und Sodomie-Pornos zu vertreiben.[23]

Lektion 5

Mafiosi machen sich keine Notizen: Trainieren Sie Ihr Gedächtnis

Die Figur, die Paul Sorvino in dem Film *Goodfellas* spielt, basiert auf Paul Vario, dem legendären *Capo* der Lucchese-Familie. Auf der Straße wurde ich Varios Enkel vorgestellt. Ich will ihn hier Bruno nennen. Bevor wir uns verabschiedeten, sagte Bruno zu mir: »Gib mir deine Nummer.«

»Ich hole einen Stift«, sagte ich und beugte mich ins Auto.

»Nein«, sagte Bruno. »Sag sie mir einfach.«

Ich rasselte meine Nummer herunter. Bruno hielt kurz inne, so als mache er sich im Geiste eine Notiz. Ich war beeindruckt. Noch beeindruckter war ich, als er anrief.

Mein Freund Fat George DiBello war die gute Seele von John Gottis Gesellschaftsklub in Queens. George ist ein wandelnder Kalender. Bis heute kann ich jeden Typen von damals nennen und George sagte mir sein Geburtsdatum, seinen Hochzeitstag, seine Telefonnummer – einfach alles; selbst Tag und Stunde seines Todes, falls er nicht mehr unter uns weilt.

Vielleicht hat George von Natur aus ein gutes Gedächtnis, aber er hat diese Fähigkeit im Klub trainiert. In der Unterwelt gilt: Je weniger Information aufgeschrieben werden, desto besser, um möglichst keine schriftlichen Beweisspuren zu hinterlassen.

>>*Vertrau deinem Gedächtnis. Behalt dein Geschäft im Kopf.*<< [24]
Meyer Lansky, der Albert Einstein der Mafia

Mafiosi wenden täglich Mnemotechnik an. Kaum jemand weiß, was dieser Begriff bedeutet, aber alle sind Experten darin. Bei den vielen Hundert Mitgliedern, die die Mafia hat, ist es schwierig, sich alle Namen zu merken. Folglich werden Spitznamen als Gedächtnisstützen verwendet: Johnny Blaue Augen, Greg die Nase, Paulie der Tippzettel. Das ist Mnemotechnik. Wie sonst kann sich ein Mafioso ein ganzes Telefonbuch merken?

>>*Selbst mit Sekretärinnen, einem Ablagesystem und allen Kopierern und Telefonen der Welt, wäre es schwierig gewesen, zu tun, was Tony [Spilotro] tat. Er schüttelte das alles aus dem Ärmel und hatte jedes Detail im Kopf.*<< [25]
Casino, Nicholas Pileggi

Joe Massino, ehemaliger Boss der Bonanno-Familie, leitete eine viele Milliarden Dollar schwere Organisation ohne Stift, Papier oder Laptop – er hatte alles im Kopf. Er kannte jeden Einzelnen seiner *Sgarriste* und jeden Polizisten, der ihn je verfolgte. Wenn ein FBI-Agent ihn verhörte und ihn Jahre später erneut verhörte, konnte sich Massino an dessen Namen erinnern und fragte ihn, wann er sein Auto gewechselt habe, wobei er ihm Modell und Ausstattung des alten Autos einschließlich des Nummernschilds nannte.

Massino war nicht der einzige Boss mit einem herausragenden Gedächtnis.

Einst hatte ich ein Schlichtungsgespräch mit einem anderen Mafioso, das unter Aufsicht von Lucchese-Boss Joseph »Little Joe« DeFede stattfand. Unser Streit war vermutlich nur eins von Tausenden Schlichtungsgesprächen, die DeFede im Verlauf seiner langen Karriere auf der Straße führte. Er und ich verbrachten weniger als eine Stunde zusammen, dennoch kam DeFede viele Jahre später im Gefängnis auf mich zu und sagte: »Hi Louie, wie geht's?«

Sein ausgezeichnetes Gedächtnis machte ihn aber auch zu einem erstklassigen Zeugen der Staatsanwaltschaft, als ihm der Prozess gemacht wurde und er beschloss, die Seiten zu wechseln.

Ob DeFedes Gedächtnis zum Nutzen oder Schaden der Mafia angezapft wurde, jedenfalls ist es ein weiterer Beweis dafür, dass das Erinnerungsvermögen eines Mafioso aufgrund jahrelangen Trainings ausgezeichnet ist.

> *»Umfangreiche jüngste Belege zeigen, dass sich ein gutes Gedächtnis*
> *antrainieren lässt, und das kann praktisch jeder.«*[26]
> Geoff Colvin, *Talent is Overrated*

Lektion 6

Sehen Sie zu, dass Sie nicht im Kofferraum enden: Machen Sie einen Bogen um Unternehmenspolitik

Gambino-*Capo* Artie »die Frisur« war mit mir auf einer Pferderanch in Upstate New York im Urlaub. Eines Abends kamen wir beim Abendessen auf Sammy »der Bulle« Gravano zu sprechen. Er war gerade zum Underboss unserer Familie ernannt worden. Ich hatte Sammy noch nicht kennengelernt, und so fragte ich Artie, was er von ihm hielt.

Artie sah mich an, machte eine kurze Pause und aß dann wortlos weiter. Hätte Artie Sammy wild verflucht, hätte die Wirkung nicht größer sein können, als sein Schweigen. Von dem Moment an wusste ich, dass ich mich von Sammy »dem Bullen« besser fernhielt, der einige seiner engsten Freunde und Verwandten umgebracht und andere verraten hatte, als er mit der Staatsanwaltschaft zusammenarbeitete. Was ich wirklich von Artie lernte, war, meinen Mund zu halten, wenn es um »Unternehmenspolitik« ging. Nach einem halben Jahrhundert auf der Straße starb Artie eines natürlichen Todes. Zu wissen, wann man besser schweigt, war zum Teil der Grund für sein natürliches Ableben.

> *»Krieg ist ein sehr raues Geschäft, aber ich glaube,*
> *die Politik ist schlimmer.«*[27]
> Lord Montgomery, britischer Feldmarschall

Joe Bilotti war ein hartgesottener alter Mafioso mit der Körperstatur eines olivhäutigen Feuerhydranten. Joes Bruder war Tommy Bilotti, der Underboss, der zusammen mit dem Gambino-Boss Paul Castellano vor Spark's Steak House in Manhattan umgenietet wurde.

Als John Gotti nach Castellanos Tod zum neuen Don der Familie wurde, spielte er mit dem Gedanken, Joe auch umbringen zu lassen, weil er sich sorgte, Joe würde den Tod seines Bruders rächen. Joe hielt jedoch seinen Mund. Er war klug genug, um zu wissen, dass er nicht die Macht besaß, um Gotti herauszufordern. Als Joe zu seinen Gefühlen befragt wurde, zuckte er nur mit den Achseln und behauptete, er habe keine – eine rein geschäftliche Angelegenheit.

Man kann über John Gottis blutiges Regime sagen, was man will, aber jeder andere Tyrann, so wie Stalin oder Mao, hätte kein Pardon gekannt. Sie hätten Hackfleisch aus Joe gemacht. Kolumbianische Kartellbosse hätten sogar Joes und Tommys Kinder – insgesamt achtzehn – umgebracht, nur um sicherzugehen, dass kein Kind jemals seinen Vater rächen würde.

Zwar zeigte sich Gotti gnädig, aber letztlich ist es Joes eigener Verdienst, dass er überlebt hat. Hätte er den Mund aufgemacht, wäre er tot gewesen.

Während Joe Bilotti davonkam, grub sich ein anderes Mitglied der Gambino-Familie, Louie Milito, sein eigenes Grab.

Milito hatte Probleme mit den Beförderungsentscheidungen des neuen Regimes. Er fühlte sich übergangen, als weniger erfahrene Mafiosi befördert wurden. Anstatt wie Bilotti den Mund zu halten, verlieh Milito seiner Unzufriedenheit öffentlich Ausdruck. Die neue Familienführung verlangte, er müsse sofort zum Schweigen gebracht werden. Militos Mörder setzte ihm eine Kugel unter das Kinn – ein »Halt-dein-verdammtes-Maul«-Schuss.

> *»Louie [Milito] kannte die Regeln …*
> *Er spielte ein sehr gefährliches Spiel – und verlor.«[28]*
> Sammy »der Bulle« Gravano

Mafiosi lieben Ponys, aber sie wissen, dass das Risiko, auf der Strecke zu bleiben, weitaus größer ist, als die Gewinnchancen. Sich in Unternehmenspolitik einzumischen ist so wie Ponywetten – höchstwahrscheinlich werden Sie verlieren. Der Gewinner ist derjenige, der das Rennen beobachtet, aber sich nicht an den Wetten beteiligt.

Artie »die Frisur« und Joe Bilotti wussten, wann sie schweigen mussten. Das Geräusch von Militos ständigem Murren wurde von dem leisen Geräusch einer Kugel gestoppt, die durch einen Schalldämpfer austritt.

Halten Sie sich von Unternehmenspolitik fern. Ihr Überleben im Unternehmen steht auf dem Spiel.

Lektion 7

Drei können ein Geheimnis wahren, wenn zwei tot sind: Vertrauen

Im Büro von Louisiana-Boss Carlos Marcello hing ein Schild mit folgendem Text über der Tür:

>*Drei können ein Geheimnis wahren, wenn zwei tot sind.*«

Marcello wollte, dass jeder, der gerade mit ihm gesprochen hatte, sich an die Bedeutung von Vertrauen erinnerte.

Als Jugendlicher war ich mit Jesse Burke, Sohn des Mafiaräubers Jimmy Burke befreundet, der von Robert de Niro in dem Film *Goodfellas* gespielt wird.

Die Faszination, die Jimmy Burke für Gesetzlose empfand, wurde aus den Namen deutlich, die er seinen beiden Söhnen gab: Jesse James und Frank James – benannt nach den berüchtigten James-Gangstern, die Ende des 18. Jahrhunderts Banken und Eisenbahnen überfielen.

Wie das Original Jesse James erlangte Jimmy Burke mit dem Lufthansa-Coup* seinen eigenen Ruf als gnadenloser Gangster. Obwohl heute jeder weiß, dass Burke die Sache ausgeheckt hatte, ist der Überfall bis heute offiziell ungelöst.

Das liegt daran, dass Burke, der den Männern, mit denen er den Raubüberfall durchgeführt hatte, nicht über den Weg traute, fast alle hinterher umbringen ließ.

Viele Mafiosi haben getötet, um ein Geheimnis zu wahren. Aus diesem Grund hält ein kluger Mafioso an jemandem fest, der sich als

---

* Am 11. Dezember 1978 raubte die Mafiabande rund 6 Millionen Dollar aus dem Luftfrachtzentrum des New Yorker Flughafens John F. Kennedy, die der Lufthansa gehörten. Der Überfall gilt als größter, der jemals auf amerikanischem Boden stattgefunden hat und wurde in zwei Filmen verarbeitet, unter anderem in *Good Fellas – Drei Jahrzehnte in der Mafia* (A.d.Ü.)

vertrauenswürdig erweist, auch wenn derjenige noch so viele andere Fehler hat.

>>*Ich habe noch niemals mein Wort gebrochen. Das ist der Schlüssel zu Erfolg in der Politik und auf jedem anderen Gebiet.*<<[29]
Tom Pendergast, bekannt als >>Boss Tom<<, dessen politische Dynastie, die enge Verbindungen zur Mafia unterhielt, als >>Die Pendergast-Maschine<<, bezeichnet wurde

Ich hatte in meinem Team einen Typen, der so beschränkt war wie Forrest Gump. Während eines Coups sagte ich ihm, er solle Radio hören, damit er uns warnen könne, falls die Cops anrückten. Nach dem Überfall kam ich zum Auto zurück und fand ihn singend und swingend zu irgendeiner Rockmusik.

>>Was zum Teufel machst du da?<<, fragte ich ihn, während ich die Geldsäcke in das Auto warf und einstieg. Er drehte die Lautstärke zurück.

>>Du hast mir gesagt, ich soll Radio hören.<<

>>Den Polizeifunk, du Vollidiot!<<

Ich musste lachen. Er hatte meine Anweisung buchstabengetreu befolgt. Ich vertraute ihm und er war kaum mit Gold aufzuwiegen. Zukünftig gab ich ihm ausführliche Anweisungen. Dass er sie falsch ausgeführt hatte, war meine Schuld.

Wenn Sie etwas getan haben, womit Sie jemandes Misstrauen erregt haben, dann sind Sie vielleicht schon abgeschrieben. Wenn Sie wollen, dass man Ihnen in Zukunft vertraut und Sie im Verlauf der Zeit Ihre Vertrauenswürdigkeit beweisen können, ist eine Entschuldigung sicher nicht verkehrt.

Wenn Sie bereits eine vertrauenswürdige Person sind, sind Sie heiß begehrte Ware. Bieten Sie Ihre Loyalität nicht jedem x-beliebigen Menschen an. Die falsche Person oder das falsche Unternehmen werden Sie ausnutzen oder missbrauchen.

Zahlreiche Mafiosi schworen Sammy »dem Bullen« Gravano Treue. Nach Paul Castellanos Ermordung sagte er: »Wir trafen die Vereinbarung, dass alle, die daran beteiligt waren, niemals und unter keinen Umständen untereinander oder Dritten gegenüber jemals darüber sprechen würden.«[30]

Anschließend erzählte der Bull(shitter)* dieses Geheimnis den Staatsanwälten, Richtern und jedem, der es hören wollte. Er hat es sogar in einem Buch veröffentlicht, das sich weltweit verkauft hat.

Seien Sie vertrauenswürdig. Aber passen Sie genau auf, wem Sie Loyalität schwören.

Lektion 8

Warum Italiener Schweine zerlegen und sie in der Soße kochen können: Gier

Am Nachmittag des 12. Juli 1979 saßen der aufstrebende Don Carmine Galante und vier seiner Associates** beim Mittagessen in einem Restaurant in Brooklyn. Kaum, dass sie zu Ende gegessen hatten, stürmten drei maskierte Männer herein und feuerten aus automatischen Waffen einen Kugelhagel auf sie ab. Als sie wieder verschwunden waren, waren Galante und zwei seiner Begleiter tot. Die anderen beiden hatten nicht einmal eine Schramme im Gesicht.

Glück gehabt? Nicht ganz. Das hatte seinen Grund: Galantes eigene Männer hatten sich gegen ihn verschworen.

Am folgenden Tag titelte die New York Post in ihrer Schlagzeile: »GIER.«

---

* »Der Verarscher« (A.d.Ü.)

** Ein Associate gehört nicht zur eigentlichen Mafia und hat keine Einblicke in deren Geschäfte. Vielmehr handelt es sich dabei um eine Art Geschäftspartner, zum Beispiel Geschäftsleute oder Anwälte aus der »legalen« Geschäftswelt. Personen, die nur Bestechungsgelder der Mafia annehmen, aber keine Geschäfte mit der Mafia machen, gehören nicht dazu. (A.d.Ü.)

»Ich habe dir gesagt, dass ich dich kriege. Die Gier hat dich umgebracht.«[31]

Auftragskiller Sam DeStefano aus Chicago zu Leo Foreman, bevor er ihn umbrachte

Galantes Führung ließ auf mehreren Gebieten einiges zu wünschen übrig, *The Post* brachte jedoch die größte Ursache für die Unzufriedenheit unter seinen Gefolgsleuten auf den Punkt.

Als Galante erschossen wurde, waren die Bonannos die einzige Familie in New York, die ihren Mitgliedern erlaubte, offen mit Drogen zu handeln. Die anderen Familien taten das zwar auch, aber heimlich. Zum Zeitpunkt seiner Ermordung versuchte Galante, die »Zips« – so wird die sizilianische Cosa Nostra genannt, die in den USA zunehmend an Einfluss gewann – unter Kontrolle zu bekommen, indem er von dem Heroinmarkt, den sie kontrollierten, eine Straßensteuer verlangte.

Galantes Versuch, sich mit den Zips anzulegen, war gefährlich. Noch gefährlicher als die Zips zu verärgern, war Galantes mangelnde Bereitschaft, die Einnahmen mit anderen New Yorker Familien zu teilen. Eine Allianz mit den anderen Familien hätte ihm möglicherweise die Macht verliehen, die Zips unter seine Kontrolle zu bringen.

> *»[Paul Castellano] ist ein gieriger Schwanzlutscher. Er will den Löwenanteil von allem … der Typ ist nie zufrieden.«*
> Anthony »Gaspipe« Casso[32]

In der Mafia herrscht die Gier auf allen Ebenen. Verbrecher sind von Natur aus gierig. Teilen ist daher üblicherweise ein Problem. Straßengangster mit genügend Hirn, um ihre Gier im Zaum zu halten und Gewinne zu teilen, werden schnell und sicher aufsteigen.

> *»Wer Geld liebt, wird nicht mit Geld zufrieden sein.«*
> Der Talmud

Die erfolgreichsten Mafiosi sind nicht gierig. Ein Veteran erzählte mir einmal, er kassiere von derselben Person seit zwanzig Jahren 50 Dollar.

»Bis heute«, so erklärte er mir, »habe ich mehr als Fünfzigtausend von ihm kassiert, und er hat keine einzige Zahlung gespürt. Und darüber hinaus betrachtet er mich als Freund.«

Auf die Frage, wer ein reicher Mann sei, antwortete Epictetus: »Derjenige, der zufrieden ist.«

Wenn es Ihnen gelingt, Ihre Gier zu kontrollieren, kann Ihnen das im Geschäft auf vielfältige Weise nützlich sein, einschließlich des Vorteils zu wissen, wann Sie eine Aktie oder Anleihe verkaufen müssen oder auf Geschäfte verzichten sollten, die zu schön sind, um wahr zu sein.

Viele der Leute, die Bernie Madoff ihr Geld anvertrauten, wurden zu Opfern, die seine Machenschaften einfach nicht erkannten. Einige wollten das aber schlicht und ergreifend nicht sehen. Das ist auch eine Form der Gier. Vorsicht vor Gier, egal in welcher Form; sie wird Sie zerstören.

Über viele Jahre kontrollierte die Mafia die amerikanische Fleischverarbeitungsindustrie. Über Großhändler vertrieb die Mafia Fleisch an amerikanische Supermarktketten wie Shop Rite und A&P. Einer der Großhändler der Mafia war ein Unternehmen namens Merkel Meats.

Die Polizei erwischte den Boss von Merkel, indem sie ein Telefongespräch abhörte, in dem er seine Rezeptur verriet:

»Unsere Hamburger bestehen zu 80 Prozent aus Rindfleisch und 20 Prozent aus Füllmaterial. Die Frankfurter enthalten 75 Prozent Fleisch ...«[33]

Wir haben alle schon Geschichten von Frankfurter Würsten gehört, die aus minderwertigem Rindfleisch gemacht werden, aber in Merkels Fall war das Füllmaterial Pferdefleisch. In den USA ist es nicht gut, wenn Ihre Großmutter einen Hackbraten aus dem Ofen zieht, der früher beim Kentucky Derby gelaufen ist.

Glücklicherweise sind wir kein hungerndes Volk: Dieser Fall war reine Gier.

Wenn Sie allerdings glauben, dass Mafiosi gieriger sind als Führungskräfte von Unternehmen, dann liegen Sie völlig falsch. Die Mafia mag das amerikanische Volk mit ein wenig Pferdefleisch an der Nase herumgeführt haben, Geschäftsleute aus der legalen Geschäftswelt besitzen jedoch das Potenzial, weitaus größeren Schaden anzurichten als die Mafia.

Während des Holocausts konkurrierten deutsche Unternehmen um Aufträge, um Anlagen zur Ermordung und Beseitigung eines ganzen Segments der europäischen Bevölkerung zu bauen.

Ein Unternehmen erfand einen Heißtank für Seifenherstellung. Die Empfehlungen für die besten Ergebnisse lauteten: »… zwölf Pfund menschliches Fett, zehn Liter Wasser und ein Pfund kaustische Seife … lässt man zwei bis drei Stunden kochen und dann erkalten.«[34]

Dagegen wirkt Merkel wie eine Gruppe Betschwestern.

Eine weitere deutsche Firma, die einen Auftrag erhielt, schrieb:

»Zum Schaufeln der Leichen in Massengräber empfehlen wir einfach eine Metallgabel auf Zylindern. Für den Transport der Leichen vom Lagerort zum Massengrab empfehlen wir leichte Räderkarren. Maßstabsgetreue Zeichnungen dieser Karren sind beigefügt.«[35]

Die hier erwähnten deutschen Unternehmen wurden nicht von Nazi-Ideologen geleitet, sondern von gierigen Führungskräften, die über Abschlüsse der besten Universitäten verfügten.

Als Teil eines großen Konzerns oder Unternehmens sollten Sie immer daran denken, dass Sie die Fähigkeit besitzen, viel mehr Gutes an einem Tag zu leisten, als die Mafia jemals leisten kann. Aber auch viel mehr Böses.

Die Zukunft liegt in Ihren Händen. Vorsicht vor Gier.

Lektion 9

Es ist gut, zu einem Begräbnis zu gehen, solange es nicht Ihr eigenes ist: Die Macht der Netzwerkarbeit

Anfang der Neunziger, kam Fritzi auf mich zu – ein Typ aus der legalen Welt, der gehört hatte, dass ich auf der Straße Geld verlieh. Fritzi wollte eine Feinkostbar in einer geschäftigen Gegend in der Nähe der St. John's University eröffnen. Fritzi hatte ein günstiges Pachtlokal mit breiter Fensterfront gefunden und die Snack-Regale und Kühltheken von den Unternehmen bekommen, die ihn mit Fleisch, Erfrischungsgetränken, Chips und Ähnlichem belieferten.

Er brauchte Geld von mir – drei Monate Sicherheitspolster für die Pacht und Geld für Renovierung. Im Gegenzug bot er mir an, sein gleichberechtigter Partner zu werden. Ich nahm an.

Ich gab Fritzi Geld für die Pacht und stellte ihm einen Schreiner vor, den ich kannte. Der Schreiner war ein Teilzeitdieb, der an seinen jeweiligen Arbeitsstätten Material mitgehen ließ. Also berechnete er uns nur die Arbeitszeit. Fritzi machte die Pacht mit dem Verpächter klar und begann mit der Renovierung.

Während der Deli im Umbau war, ging ich vorbei, um den Schreiner zu besuchen. Er sagte mir, Fritzi sei ein Riesenarschloch. Der einzige Grund, warum er ihm noch nicht den Schädel eingeschlagen habe, sei ich.

Ich sagte dem Schreiner, ich würde mit Fritzi reden. Bevor ich den Deli verließ, fragte er mich, ob der Keller Teil des Pachtlokals sei. Ich ging davon aus und sagte es ihm so.

»Das wäre ein geniales Kasino«, sagte er mir. »Der Keller hat einen Hintereingang mit Parkplatz.«

Ich sah mir den Keller an. Er war geräumig und hatte eine hohe Decke. Er müsste lediglich gestrichen und es müsste Teppich verlegt werden. Außerdem müsste man Entfeuchter aufstellen. Hinter dem Deli befand sich eine enge Durchfahrt, die von der Straße zu einem Parkplatz führte, der Platz für ein Dutzend Autos bot.

Ich erkannte, dass der Schreiner Recht hatte – der Keller wäre eine großartige Spielhölle. Ich würde sie von 10 Uhr abends bis 4 Uhr morgens öffnen, wenn alle übrigen Geschäfte des Viertels geschlossen waren. Als ich das Lokal verließ, fühlte ich mich wie Steve Wynn, der Entwickler, der Las Vegas zu dem machte, was es heute ist.

Als ich an demselben Abend mit Fritzi zusammentraf, bat ich ihn, den Schreiner in Ruhe zu lassen, insbesondere weil dieser in der Lage war, noch ganz andere Dinge auszuhämmern als Nägel. Fritzi verstand sofort. Anschließend bot ich ihm eine gleichberechtigte Partnerschaft am Kellerkasino an. Das war nur fair, da wir beide den Pachtvertrag unterschrieben hatten.

»Ich renoviere den Keller, kaufe Tische, stelle Croupiers ein und sorge dafür, dass Zocker kommen, und den Gewinn teilen wir Hälfte-Hälfte.«

Kaum dass ich das ausgesprochen hatte, konnte ich Dollarzeichen in Fritzis Augen aufblitzen sehen – wie bei einer Registrierkasse in einem Comic. Natürlich stimmte er zu. Die Renovierungsarbeiten waren im Handumdrehen abgeschlossen.

Ungefähr eine Woche vor der großen Eröffnung unseres Delis und unseres Kasinos rief mich Fritzi an.

»Komm in die Bar!«, wies er mich an. »Wir müssen reden!« Er wies mich an, statt mich zu bitten.

Ich hielt seinen Ton für reines Machtgehabe und nahm an, Fritzi wolle vor der Eröffnung ein wenig die Federn aufplustern, da er sich wahrscheinlich vorstellte, dass eine Menge Bargeld in dem Laden fließen würde und sich womöglich Sorgen machte, ich würde ihn austricksen. In der Gewissheit, dass dies der Grund für sein Verhalten war, nahm ich mir vor, ihn zu beruhigen und ihm zu versichern, dass ich ihn niemals betrügen, aus dem Kasino drängen oder ihn gar umbringen würde.

Ich fuhr zu unserem MGM Grand im Kleinformat, parkte mein Auto und ging hinein. Fritzi stand vor der Theke, hoch erhobenen Hauptes, die Arme vor der Brust verschränkt, wie ein ganz hart gesottener Bursche – allerdings ein Möchtegern. Innerlich musste ich lachen und war nun sicher, dass er Angst hatte. Warum würde er sonst auf Konfrontation gehen?

Fritzi überraschte mich. »Ich gebe dir dein Geld zurück. Danke, dass du es mir geliehen hast.«

»Wovon, zum Teufel, sprichst du?«

»Ich habe mir Geld geliehen, und nun zahle ich es zurück. Ende der Geschichte.«

»Wessen Stimme ist das?«, fragte ich, in der Annahme, jemand habe ihn aufgestachelt, mit der Absicht, sich ins Kasino zu drängen.

»Niemand«, sagte er. »Ich spreche für mich selbst.«

Wenn man auf der Straße einen Streit hat, ist der Typ, mit dem Sie die Auseinandersetzung haben, normalerweise verpflichtet, Ihnen seinen direkten Vorgesetzten zu nennen, damit Sie ein Schlichtungsgespräch arrangieren und die Sache diplomatisch beilegen können. Da Fritzi keinen Boss über sich hatte, konnte ich so mit ihm umgehen, wie ich es für richtig hielt. Falls hinter ihm ein Strippenzieher stand, gab es einen sicheren Weg, um diesen aus dem Hintergrund auf die Bühne zu locken: seine Marionette kaputt zu machen. Ich verpasste Fritzi einen schweren Kinnhaken und machte mich daran, ihm den Schädel einzuschlagen.

Wir standen kurz davor, unser Geschäft zu eröffnen, als dieser Vollidiot – von Dollarzeichen geblendet – beschloss, dass er alles für sich allein haben wollte. Gier ruiniert alles.

Als ich das Lokal verließ, teilte ich diesen Vorfall meinem eigenen Boss mit, für den Fall, jemand tauche auf, um Fritzi zu verteidigen.

Später am selben Abend, als ich nach Hause kam, bemerkte ich ein Polizeiauto in Zivil, das auf der gegenüberliegenden Straßenseite parkte. Ich machte kehrt und fuhr unbemerkt davon. Anscheinend war Mr. Tough Guy zur Polizei gegangen.

Ich verdünnisierte mich erst mal. Von einer Telefonzelle in Poconos aus begann ich, verschiedene Leute anzurufen. Ich musste jemanden finden, den Fritzi nicht nur kannte, sondern auf den er hören würde, um mir die Polizei vom Hals zu schaffen.

Über das ausgedehnte Netzwerk der Mafia fand mein Team diesen Jemand.

> »*Jimmy lebte in einem stinkfeudalen Appartment im Zentrum. In seinem Büro stand ein großer Schreibtisch aus Eichenholz. In der obersten Schublade lag ein Blatt Papier, das auf ein Stück Pappe geklebt war und in einer Zellophanhülle steckte. Es war eine Liste mit Spitznamen, hinter denen jeweils eine Telefonnummer stand. Jede Kohle, die ich Jimmy brachte, ging an jemanden auf dieser Liste.*«[36]
> *Unlocked*, Louis Ferrante

Fritzis Schwiegervater war ein degenerierter Zocker – wahrscheinlich wäre er ein regelmäßiger Gast in unserer Spielhölle gewesen – und der Buchmacher seines Schwiegervaters war ein Mafioso. Mein Team wendete sich an den Buchmacher und bat ihn, uns einen Gefallen zu tun. Der Buchmacher sagte dem Schwiegervater, er solle dafür sorgen, dass Fritzi mir die Bullen vom Hals schaffte, oder er würde Hackfleisch aus ihm machen.

Fritzi kam zur Vernunft und zog die Anzeige zurück. Er verkaufte das Lokal und zahlte mir mein Geld mit Zinsen zurück. Und das war's.

Die Mafia hat mehre Tausend Mitglieder und Partner, und jeder hat sein eigenes Netzwerk an kriminellen und legalen Freunden. Jeden Tag nutzte ich das ausgedehnte Netzwerk der Mafia, um Geld zu verdienen und gelegentlich, wie gerade beschrieben, um meinen Arsch zu retten.

> »*Das organisierte Verbrechen ist zu einer Serie an Netzwerken gewor-*

den, einer Reihe von Bündnissen und Allianzen – oftmals über Landes-
grenzen hinaus – zwischen kriminellen Vereinigungen und gewöhnlichen
Verbrechern. Ein wesentliches Merkmal dieser Mischung sind auch die
Verknüpfungen zwischen der Unterwelt und legalen Institutionen sowie
Weiße-Kragen-Interessen, die entlang des gesamten Spektrums von rein
kriminellen bis zu rein legalen Geschäften nahtlos ineinanderfließen.«[37]
Mike La Sorte, »Defining Organized Crime«

Die Mafia war schon lange, bevor sich soziale Netzwerke über die ganze Internetwelt verbreiteten, eine MySpace-Gemeinde. Doch selbst
das beeindruckendste Mafia-Netzwerk nimmt sich gegen Facebook
und Twitter mager aus. Um die heutigen Netzwerkmöglichkeiten aus
dem Blickwinkel der Mafia darzustellen, reicht es, wenn Sie sich einfach einloggen, und schon sind Sie ein Vollmitglied – ein »gemachter
Mann« – der größten Gemeinschaft der Welt. Sie können sich sogar
als »Button-man« betrachten – der Begriff, der für Mafia-Soldaten
beziehungsweise Sgarriste verwendet wird – weil Sie einfach nur einen Knopf zu drücken brauchen und schon sind Sie drin.

Erkennen Sie die außerordentliche Bedeutung der Netzwerkarbeit,
eines der wichtigsten Elemente des Erfolgs der Mafia.

Lektion 10

Ol' Blue Eyes: Warum Mafiosi auf Sinatra stehen

Sizilien ist schon immer von Clans geprägt gewesen. Frank Sinatras Familie stammte aus demselben sizilianischen Dorf wie Lucky Lucianos
Familie. Das qualifizierte Frank automatisch als »Goombah« – Itaker.

»Die Tatsache, dass sie dieselbe Herkunft hatten, verstärkte ihre
Bindungen zueinander und machte sie zu einer Gruppe mit einem
starken Zusammenhalt.«[38]
Salvatore Lupo, Storia della Mafia

Luciano buchte zahlreiche Auftritte für Frank. Die Kontrolle, die die Mafia über Nachtklubs, das Geschäft mit Musikautomaten und den Musikvertrieb ausübte, half Frank zu Beginn seiner Karriere.

Im Jahr 1947, als die Mafia in Havanna eine Konferenz abhielt, nahmen sie Frank zum Zwecke der Öffentlichkeitsarbeit als Vorzeigeobjekt mit. Als Frank später zu dieser Konferenz vom FBI verhört wurde, zeigte er sich verschlossen. Dass man sich auf seine Verschwiegenheit verlassen konnte, qualifizierte Frank in den Augen der Mafia als echten Goombah. Jedenfalls war Frank Sinatra der Liebling der Mafia.

Inzwischen ist Frank Sinatra lange tot, aber die Liebesaffäre geht weiter. Einerseits sind die Mafiosi stolz auf Franks italienisches Erbe; das verstärkt ihren Stolz. Noch wichtiger ist aber, dass Franks Texte, die davon handeln, Pech und Niederlagen wegzustecken und sich immer wieder aufzurappeln, ihre Herzen berühren. Die Kapitulation ist unser einziger wahrer Feind im Leben. Frankie-Boy sang davon, »nie aufzugeben.«

> *»Das Leben ist wie die Jahreszeiten*
> *Auf den Winter folgt das Frühjahr*
> *Also behalte ich mein Lächeln*
> *Und sehe, was der Morgen bringt«*
> »Cycles«, Frank Sinatra

Robert »Bobby Cabert« Bisaccia war ein Capo der Gambino-Familie, die Frank Sinatra liebte. Bobby war wegen Mordes verurteilt worden und hatte aufgrund einer eindeutigen Beweislage keine Chance auf eine Revision des Urteils. Er saß eine lebenslange Haftstrafe ab, kämpfte aber jeden Tag gegen das Gesetz an, in dem er versuchte, eine Neuaufnahme seines Falls zu erreichen.

Eines Tages erhielt Bobby einen Brief, dessen Inhalt ungefähr folgendermaßen lautete:

»Wir sind eine angesehene Anwaltsfirma, die beschlossen hat, Sie kostenlos zu vertreten … Wir haben Ihren Fall untersucht und sind sicher, dass Sie noch vor Weihnachten ein freier Mann sein werden.«

Der restliche Text war in ähnlich hoffnungsfrohem Tenor geschrieben. Bobby las ihn seinen Mithäftlingen laut bis zu Ende vor:

»Bis Sie wieder von uns hören, machen Sie weiter mit Ihren Ausbruchsplänen.«

Bobby ließ eine Reihe von Flüchen vom Stapel, als die Mithäftlinge in seinem Block laut herauslachten. Bobs Weigerung, seinen Kampf aufzugeben, amüsierte die anderen, die veranlasst hatten, dass ihm dieser Brief zugeschickt wurde.

Ich traf Bobby im Bundesgefängnis, als er vom Gefängnis des Staates Jersey hergebracht wurde, um für weitere Mordanklagen verhört zu werden. Mich erwarteten zu diesem Zeitpunkt 125 Jahre Gefängnis. Jeden Morgen sagte Bobby: »Steh auf, Junge. Der Gong zur nächsten Runde.«

Das ist Boxer-Sprache. Ein Boxer muss kampfbereit aus seiner Ecke kommen, sobald der Gong die nächste Runde einläutet, egal wie angeschlagen er ist.

Mafiosi sind geborene Schläger. Aus diesem Grund haben so viele ihr Glück im Ring versucht.

Ich habe den verstorbenen Vincent »das Kinn« Gigante in seinem häuslichen Arbeitszimmer besucht, in dem ein Gemälde des jungen Vincents als Boxer an der Wand hing. Bevor er sich ganz der Mafia widmete und zum Don aufstieg, war er Profiboxer gewesen. Schon auf diesem frühen Porträt hat das Kinn diesen entschlossenen Blick gehabt, so als wolle er sagen. »Ich werde mal jemand sein.«

Tommy Eboli, Anthony »Schinken« Delasco und »Maschinenpistole« Jack McGurn waren weitere Mafiosi, die wie Gigante ihr Glück im Ring versucht hatten, bevor sie zur Mafia gingen.

Der professionelle Boxtrainer Tommy Gallagher ist ein Freund von mir, der während seiner gesamten Berufslaufbahn Kontakte mit der Mafia hatte. In den 1960er-Jahren, als Tommy mit der Armee im Süden stationiert war, besuchten er und seine Kumpels eine lokale Faschingsveranstaltung. Eine der Attraktionen bot einen Bargeldpreis für denjenigen, dem es gelang, einen Pavian im Ringkampf zu besiegen.

Tommy hatte den Mumm, in den Käfig zu steigen. Er lachte, als sich die Käfigtür hinter ihm schloss, weil er glaubte, der Affe würde bestenfalls 90 Pfund wiegen, und den Preis abzuräumen, wäre ein Kinderspiel. Er hatte keine Ahnung, über welche übermenschlichen Kräfte ein Pavian verfügt, bis das Untier die Scheiße aus ihm herausprügelte und versuchte, ihn von hinten zu besteigen.

Mit seinem Gesicht gegen den Käfigzaun gepresst, flehte Tommy seine Freunde an, den Affen zu erschießen. Zum Glück für ihn gelang es dem Tierbändiger, den Pavian zur Räson zu bringen, bevor Tommy seine Jungfräulichkeit verlor.

Tommy schaffte es aus dem Käfig – und aus der Armee. Er gewann die goldenen Boxhandschuhe und trainierte anschließend andere Champions. Innerhalb und außerhalb des Rings hat Tommy mehr Hochs und Tiefs erlebt, als jeder andere – aber er hörte nie auf zu kämpfen.

Mein Leben auf der Straße hat mich darauf konditioniert, Misserfolge zu überwinden. Das »leichte Geld« war nicht immer so leicht zu bekommen. Ich musste drei Safes knacken, bis ich in einem Geld fand. Ich kaperte einen leeren Lastwagen und ließ ihn am Straßenrand zurück. Aber gleich am nächsten Tag klaute ich den nächsten.

Schließlich landete ich große Coups, aber am Ende wanderte ich hinter Gitter. Es gibt keinen Platz auf der Welt, der einem ein ausgeprägteres davon Gefühl vermittelt, ein Versager zu sein, als eine Gefängniszelle. Aber ich war darauf trainiert, nicht aufzugeben.

Wie kann man jedoch überhaupt mit irgendetwas im Gefängnis Erfolg haben?

Im Gefängnis las ich mein erstes Buch und verbrachte schon bald darauf zwanzig Stunden pro Tag mit Lektüre. Ich brachte mir selbst die

Kunst des Schreibens bei, indem ich den Schreibstil anderer Autoren studierte. Ich machte das Gefängnis – dieses Arschloch des Lebens – zu meiner Universität, weil ich jeden Morgen als neue Runde betrachtete, wie Bobby mich gelehrt hatte. Und ich habe nie aufgegeben, so wie Sinatra in seinen Liedern gesungen hat.

Aus diesem Grund stehen Mafiosi auf Sinatra: Er sang mit dem Herzen – ein Herz, das niemals kapitulierte.

> *»Ich war eine Marionette, ein armer Teufel, ein Pirat.*
> *Ein Dichter, ein Bauer und ein König.*
> *Ich war ganz oben und ganz unten, aus und vorbei*
> *Und ich weiß das Eine:*
> *Jedes Mal, wenn ich mit der Nase im Dreck liege,*
> *Rappele ich mich wieder auf und mache weiter.*
> *That's Life*
> *Ich sag's dir, ich kann es nicht leugnen,*
> *Ich habe daran gedacht, aufzugeben, Baby,*
> *Aber mein Herz macht da einfach nicht mit.«*[39]
> *»That's Life«, Frank Sinatra*

Lektion 11

Wie man aus Scheiße Gold macht: Chancen wittern

In den 1930er-Jahren, nach einer Serie von Urteilen gegen das organisierte Verbrechen, behauptete der New Yorker Staatsanwalt Thomas Dewey, die Mafia sei tot. Er lag falsch. Die Mafia war quicklebendig. Aber Dewey glaubte, diese Behauptung würde ihm ins Oval Office verhelfen. Damit lag er allerdings auch falsch.

In den 1990er-Jahren, nachdem die führenden Köpfe der New Yorker Mafiafamilien verurteilt worden waren, wiederholte der damalige Staatsanwalt Rudolph Giuliani diese Behauptung. Wie Dewey lag auch Giuliani falsch. Die Mafia war quicklebendig. Aber Giuliani glaubte, diese Behauptung würde ihm ins Oval Office verhelfen. Damit lag er allerdings auch falsch.

> *»Die Ausrottung des organisierten Verbrechens ist eine reine Fantasie.*
> *Wir werden es niemals ausrotten können.«*[40]
> Frederick Martens, Chef der Behörde zur Bekämpfung
> der organisierten Kriminalität, New Jersey State Police

Um Präsident der Vereinigten Staaten zu werden, muss ein Politiker die Wähler davon überzeugen, dass er »dem Volk geben wird, was das Volk verlangt.«

Offensichtlich gelang es weder Dewey noch Giuliani, die Mehrheit der amerikanischen Wähler davon zu überzeugen, dass sie bekommen würden, wonach sie verlangten, wohingegen die Mafia seit ihrer Gründung genau das tat: Sie gab den Menschen, was sie wollten und brauchten.

> *»Ich bin nur ein Geschäftsmann,*
> *der den Leuten gibt, was sie wollen.«*[41]
> Al Capone

Der fiktive Charakter Tony Soprano hatte einen Job als Berater für ein Abfallentsorgungsunternehmen. Zahllose Mafiosi aus dem wirklichen Leben haben viele Milliarden Dollar mit der Abfallentsorgung verdient.

Auf Long Island, New York, betrieb der Lucchese-Capo Salvatore Avellino die Abfallentsorgung so gut, dass die Kommunalverwaltung Sal und seinen Freunden erlaubte, über Jahrzehnte buchstäblich die dreckige Arbeit für sie zu erledigen, in dem Wissen, dass sie es nicht hätten besser machen können.

Als das FBI Avellino in die Mangel nahm, hatte er so viel Abfall entsorgt, dass man damit den Meteor Crater in Arizona hätte füllen können.

Sir Isaac Newton, der große britische Wissenschaftler, der die Schwerkraft entdeckte, verschwendete verdammt viel Zeit mit dem

Versuch, aus billigem Metall Gold zu machen – eine Technik, die man als Alchemie bezeichnet. Die Alchemie hat zwar nicht funktioniert, aber die Mafia zollt Newton jeden Tag Tribut, indem sie aus Scheiße Gold macht.

Sowohl die Mafia als auch Newton können Ihnen beide sagen, dass Ihnen kein Apfel auf den Kopf fallen muss, um eine gute Idee zu erkennen.

In den 1970er- und 1980er-Jahren konnten sich in New York City viele Familien ethnischer Minderheiten und Rentner kein eigenes Zuhause leisten und waren der Gnade der skrupellosen Besitzer abbruchreifer Buden – sogenannte Slumlords – ausgeliefert. Die Mafia gründete ein Unternehmen, das erschwingliche Häuser baute und für diese Bevölkerungsgruppen Wohnungen renovierte. Dabei handelte es sich keineswegs um einen karitativen Akt. Die Mafia erkannte einfach, dass niemand für arme Leute seinen Arsch bewegen würde, und ergriff die Gelegenheit, unerwartete Gewinne einzustreichen.

Sie erkannte eine profitable Nische und nutzte sie.

>*Die organisierte Kriminalität ist da, wo das Geld ist.*<[42]
Howard Abadinsky, Historiker auf dem Gebiet
der organisierten Kriminalität

Während die Mafia in der Bronx Häuser baute, zogen die Bronx Bombers hungrige Meuten an unverwüstlichen Fans an.

Der Mafioso Matty >das Pferd< Ianello belieferte das Yankee-Stadion mit Hotdogs. Andere Mafiosi, denen es nicht gelang, so umfangreiche Verträge wie das Pferd an Land zu ziehen, wurden in kleineren Schritten reich.

Der Mafioso Philly Dogs arbeitete in Ridgewood, Queens. Seine Hotdog-Verkaufswagen standen an jeder größeren Kreuzung. Wenn sie diese lange genug beobachteten, sahen Sie irgendwann, wie ein schwarzer Cadillac an den Straßenrand rollte, eine dunkel getönte Fensterscheibe herunterging und eine Hand nach einem Umschlag griff. Diese Hand gehörte Philly Dogs.

»Ich mache mehr Geld mit diesen Verkaufswagen als mit meinem Kreditwuchergeschäft«, sagte mir Philly. »Jeder liebt Hotdogs.«

Zu einer Zeit, da Lizenzen für Straßenverkauf schwer zu bekommen waren, schmierte Philly behinderte amerikanische Vietnam-Veteranen, die eine Vorzugsbehandlung genossen, damit sie eine Lizenz beantragten. Außerdem hatte er einen Fleischer an der Hand, der Hotdogs stahl. Und auf seinen Ketchup-Tüten stand Burger King.

Zugegeben Philly hielt seine Verwaltungskosten gering, aber er hätte das Geschäft legal betreiben können und immer noch ein kleines Vermögen gescheffelt. Ridgewood war eine Arbeitergegend und Philly war clever genug, in einem Dollar pro Hotdog für einen Mittagsimbiss ein einträgliches Geschäft zu erkennen.

>*Flexibilität und Zähigkeit sind die Kennzeichen von LCN. Wenn sie eine Chance erkennen, werden sie sie in vollem Umfang nutzen.*<[43]
Frederick Martens

Die meisten der größten Mafiaerfolge begannen damit, dass jemand einfach die Gabe besaß, eine Chance für ein Gaunergeschäft zu erkennen, und dann schnell zuschlug. Einige haben ausgetüftelt, wie sie buchstäblich mit Hin- und Herfahren Geld machen können. Ich kenne einen Typen, der als Brandstifter für die Mafia arbeitete. Er wollte ins legale Geschäft wechseln und kaufte mit seinen geringen Ersparnissen einen kleinen Bulldozer.

Nach sechs Monaten Arbeit hatte er genug zurückgelegt, um sich einen großen Bulldozer zu kaufen. Ein Jahr später kaufte er einen Bagger. Er riss sich den Arsch auf, ergatterte einige große Aufträge von der Stadtverwaltung und verlegte sich dann auf eine echte Gaunerei: eine Sand- und Kiesgrube.

Hier verdiente er sein Geld mit Hin- und Herfahren. »Ich kassiere dafür, dass meine Maschinen Erde bewegen, die ich dann in meiner Grube verkaufe.«

Außerdem stieg er ins Abrissgeschäft ein. Heute bezahlen ihn Leute dafür, dass er Gebäude abreißt und die Trümmer beseitigt. In seiner Kiesgrube trennt er Stahl von Beton und verkauft das Material zu Marktpreisen.

Ein Mafioso, den ich hier Joe Puma nennen will, ist heute ein Immobilienmillionär mit Wohnsitz in Südamerika. Lange, bevor Puma sein Vermögen damit verdiente, günstige Immobilien aufzustöbern, bewies er bereits seine Fähigkeit, die Chance zu einem Gaunergeschäft zu wittern.

> *»Carlos [Marcello], der ein echtes Arbeitstier war, wachte oft um 4 Uhr morgens auf und ging die Immobilienanzeigen in der Zeitung durch, um günstige Gelegenheiten zu finden, bevor ihm jemand zuvorkam.«*[44]
> John H. Davis, Mafia Kingfish

Einmal brachte ich Puma Heiligabend eine Flasche Whisky vorbei. Als ich in sein Haus kam, kam mir ein Typ im Nikolauskostüm entgegen. Puma dankte mir für den Whisky und sagte, »Nachdem ich fette Scheißfünfhundert ausgegeben habe, um meine Kinder zu unterhalten, kann ich einen Drink gebrauchen.«

»Damit verdient der Typ sein Geld?«, fragte ich.

»Ja, und ich habe ihn auch zu meinem Neffen geschickt.« Das machte mich neugierig.

»Wie viele Häuser besucht er?«

»Mindestens ein Dutzend. Du musst ihn zwei Monate im Voraus buchen.«

Im folgenden Jahr brachte ich Puma Heiligabend wieder eine Flasche vorbei. Dieses Mal drängelten sich sechs Fettwänste in seinem Wohnzimmer und zwängten sich in Nikolauskostüme.

»Ich weiß, dass in diesem Viertel jeder versucht, seinen Nachbarn zu übertrumpfen. Aber glaubst du wirklich, deine Kinder werden glauben, dass es sechs Nikoläuse gibt?«

»Ich mache Zwanzigtausend in vier Stunden. Ich werde ihnen so ein verdammtes Rentier kaufen. Die schaffen das schon.«

Puma erkannte die Nachfrage an Nikoläusen in der Weihnachtszeit und wusste, dass es in den USA ein Überangebot an dicken Männern gibt. Ob ein saisonales Weihnachtsgeschäft, Hotdogs oder Abfallentsorgung, die Mafia erfüllt jeden Tag und auf jeder Ebene Kundenbedürfnisse.

> *»Es ist nicht so, dass er [ein Mafioso] sich geändert hätte, er hat lediglich verstanden, was zu diesem Zeitpunkt erforderlich war, und darauf reagiert. Er ist ein Mann für jede Wetterlage.«*[45]
> Umberto Santino, Soziologe,
> der die Mentalität eines Mafioso beschreibt.

Sie mögen Mafiosi vielleicht nicht als die Männer betrachten, die Amerika ernähren, aber ihre Fleischverarbeiter und Lieferanten beliefern die großen Supermarktketten mit Schweinefleisch, Rindfleisch, Geflügel und sogar koscherem Fleisch. Ihre Speditionsunternehmen fahren kreuz und quer durch die USA und liefern jedes erdenkliche Produkt. Die Mafia kontrolliert die Häfen und Piers. Sie bringt Meeresfrüchte auf unsere Teller. Ihre Wein- und Spirituosenhändler sorgen dafür, dass wir all das gute Essen mit einem Weißen oder Roten herunterspülen können. Ihre Wäschereien reinigen die Tischdecken unserer Lieblingsrestaurants und ihre Musikautomaten spielen unsere Lieblingssongs.

»Sie funktionierten fast wie eine Parallelwirtschaft in diesem Land«, sagte Michael Chertoff, ehemaliger Leiter der US-Behörde für Heimatschutz. »Es gab praktisch keinen Bereich in der Schwerindustrie, an dem die Mafia nicht zu einem gewissen Grad beteiligt war. Sie kontrollierte die Bauwirtschaft, ... die Abfallwirtschaft, ... sie war im Unterhaltungsgeschäft, ... den Hotelgewerkschaften, ... sie kontrollierte die Häfen der Ostküste. Sie war an Kasinos in Las Vegas beteiligt.«[46]

Die Mafiosi, die für diese Parallelwirtschaft verantwortlich sind, geben keinen Stoff für die große Leinwand her. Geschäftstüchtige Mafiosi sind weder wild noch waghalsig genug, um unsere Aufmerksamkeit für einen zweistündigen Film zu fesseln. Sie ziehen es vor, im Schatten zu bleiben, und sie kleiden sich unauffällig. Aber sie sind mit allen Wassern gewaschen und wissen, wie man den Leuten gibt, was sie wollen.

Das ist eine andere Seite der Mafia, die wir üblicherweise nicht zu sehen bekommen. Die Mafiosi sind ziemlich zufrieden damit, unbeachtet zu bleiben. Sie schwimmen in Geld, Macht und Erfolg. Wer braucht da öffentliche Aufmerksamkeit?

Sehen Sie sich in Ihrem derzeitigen Geschäftsumfeld nach gewinnträchtigen Nischen um – nach Jobs, die andere naserümpfend ablehnen; nach Märkten, die andere links liegen lassen; Chancen gibt es überall.

Hätte es im alten Ägypten eine Mafia gegeben, hätte sie die Steine für die Pyramiden geliefert, die Sklavenarbeiter gewerkschaftlich organisiert, einen Würstchenstand aufgemacht und die Sphinx in eine Spielhölle verwandelt. Außerdem hätte sie das Gold aus den Särgen der Pharaonen gestohlen. Später erledigte das Napoleon.

Lektion 12

Krempeln Sie die Ärmel auf, aber lassen Sie die Hose an

Julius Cäsar überwachte den Bau von Brücken und Belagerungswällen, marschierte am Kopf einer Armee, und wenn es zu einer Schlacht kam, krempelte er die Ärmel auf und kämpfte Seite an Seite mit seinen Soldaten. Doch außerhalb des Schlachtfelds konnte er seine Toga nicht anlassen. Vielleicht war er der erste italienische Playboy – er vögelte jedermanns Frauen, Mütter und Schwestern.

Einst las er vor dem Senat laut einen Liebesbrief vor, den Catos Schwester, die gleichzeitig Brutus' Mutter war, an ihn geschrieben hatte.

Als Cato, Brutus und ihre Mitverschwörer Cäsar schließlich umbrachten, stießen sie ihre Dolche tief in seine Leisten. »Nimm das, du Schweinebastard!«[47]

Zwölfhundert Jahre nach Cäsars Tod wurde die Insel Sizilien von der französischen Armee besetzt. Während der Besatzung vergewaltigten die französischen Eroberer die sizilianischen Frauen. Die sizilianischen Männer hielten still und planten derweil Rache. Als sie schließlich zuschlugen, schnitten sie den französischen Soldaten die Eier ab und stopften sie ihnen in den Mund – als Henkersmahlzeit.

Einige Dinge ändern sich bei den Italienern nie: Ihre Liebe zu Kunst, Architektur, Oper und Pasta sowie die Angewohnheit, anderen Leuten bei Fehlverhalten die Eier abzuschneiden.

Achthundert Jahre nachdem die Sizilianer den Franzosen ihr letztes Abendmahl kredenzten, baggerte ein Mann namens Michael Devine die Frau eines Don an. Kurz darauf fand man ihn tot auf, mit verstümmelten Genitalien – genau wie Julius Cäsar.

Lucchese-Underboss Anthony »Gaspipe« Casso gab zu, Anthony Fava getötet zu haben – den Architekten, den er mit der Umgestaltung seines Hauses beauftragt hatte. Casso behauptete, Fava habe, nachdem er Bargeldzahlungen angenommen habe, möglicherweise die Polizei informiert. Aber er stritt Berichte ab, denen zufolge Fava seine Frau angemacht habe. Als man Favas Leiche fand, waren seine Genitalien merkwürdigerweise mit einem Flammenwerfer verbrannt worden. Urteilen Sie selbst.

In der Mafia ist es streng verboten, mit der Frau oder Schwester eines anderen Mafioso etwas anzufangen. Wenn Sie erwischt werden, behalten Sie unter Umständen Ihren Schwanz, aber die Eier sind auf alle Fälle weg.

> *»Pietro wurde im Kofferraum eines Autos tot aufgefunden. Sein Mund war mit Dollarscheinen vollgestopft und seine Genitalien waren abgeschnitten. Dieses Markenzeichen der Mafia wies darauf hin, dass er möglicherweise mit der Frau eines anderen Mafioso eine Affäre hatte – ein Kapitalverbrechen.«[48]*
> Tim Shawcross und Martin Young, *Mafia Wars*

Halten Sie sich von allem fern, was dem Boss oder irgendwelchen Kollegen gehört. Das ist der sicherste Weg, um sich Feinde zu machen und sich die Karriere zu ruinieren, bevor sie überhaupt begonnen hat. Das ganze Meer ist voll mit Fischen. Angeln Sie sich Ihren eigenen.

Lektion 13

Die Wände haben Ohren: Äußern Sie sich nie abfällig über den Boss

Die Stadt Cicero im Bundesstaat Illinois wurde nach dem römischen Anwalt der Antike, Marcus Tullius Cicero, benannt. Über Jahrzehnte war diese Kleinstadt der Heimatstandort für das Verbrecherkartell Chicago Outfit.

Cicero gilt als einer der herausragendsten römischen Redner. Wie jeder, der gerne seiner eigenen Stimme lauscht, redete Cicero oft zu viel. Im Anschluss an Cäsars Ermordung nutzte der römische Konsul Marcus Antonius die Gunst der Stunde und griff nach der Macht. Cicero warnte öffentlich vor Antonius. Als Antwort darauf ließ dieser Cicero ermorden, schnitt ihm anschließend den Kopf ab und hängte ihn öffentlich auf.

Damit sandte Antonius eine unmissverständliche Botschaft an alle, die eventuell vorhatten, schlecht über den Boss zu reden.

Fast zweitausend Jahre später kontrollierte Al Capone die Kleinstadt Cicero. Nach Capones Tod war sein Nachfolger ein gewitzter Mafioso namens Anthony Accardo. Anders als Capone, der öffentliche Aufmerksamkeit liebte, ging Accardo ihr aus dem Weg und ernannte Geschäftsführer als Frontmänner, während er hinter den Kulissen die Fäden zog.

Einer dieser Frontmänner war Sam Giancana. Kaum, dass Giancana zum Geschäftsführer ernannt worden war, stilisierte er sich selbst zur Medienattraktion. Zu Accardos Entsetzen suchte Giancana das Scheinwerferlicht. Nachdem Giancana die Vorladung vor eine Grand Jury* ignoriert hatte, wurde er wegen Missachtung des Gerichts angeklagt und verschwand für ein Jahr hinter Gittern. Das gab Accardo die Gelegenheit, seinen Fehler zu korrigieren und Giancana durch einen neuen Geschäftsführer zu ersetzen. Als Giancana freigelassen wurde, beschwerte er sich über Accardo und machte den Mitgliedern von Chicago Outfit klar, dass er nicht daran dächte, auf seine Position zu verzichten.

Accardo, ein geduldiger Mann, wusste, dass Giancana weg musste. Aber wie und wann?

Kurze Zeit später, als Giancana zu Hause mit Kochen beschäftigt war, schlich sich von hinten ein Mörder an und streckte ihn mit mehreren Schüssen nieder. Accardo hatte den Auftragskiller angewiesen, Giancana fünf Kugeln rund um den Mund zu verpassen. Damit sandte Accardo an jeden, der eventuell vorhatte, schlecht über den Boss zu reden, eine unmissverständliche Botschaft.

Die Geschichte wiederholt sich. In der Kleinstadt Cicero in Illinois machte Sam Giancana exakt den gleichen Fehler wie Marcus Tullius Cicero und musste dafür auf ähnliche Weise bezahlen.

> *»Meyer Lansky überlebte so gut wie alle seine alten Spießgesellen aus der Blütezeit der New Yorker Mafia, und das auf altmodische Art: Er hielt den Mund.«*
> Godfathers Collection: *True History of the Mafia*

Ungefähr zur selben Zeit, als Giancana ermordet wurde, war Mafiaboss Angelo Bruno das Oberhaupt von Philadelphia, wo der Mafioso Nicodemo »Little Nicky« Scarfo die Mafiahierarchie erklomm.

Als junger Mafioso hatte Scarfo mit Don Bruno im Gefängnis gesessen.

---

* Eine Grand Jury besteht im Gegensatz zur »Petit Jury« – die während eines Gerichtsverfahrens eingesetzt wird – aus 12 bis 23 Personen. Sie prüft, ob ein Verbrechen stattgefunden hat, und ob das vorliegende Beweismaterial für eine Anklageerhebung ausreicht. (A.d.Ü.)

Das Gefängnis hat einen eigenen Verhaltenskodex. Dinge wie eine Leselampe, ein Jogginganzug oder Turnschuhe sind draußen leicht zu beschaffen, für einen Knasti aber äußerst wertvoll. Wenn ein Strafgefangener entlassen wird, überlässt er seine Habseligkeiten daher einem Mithäftling; üblicherweise jemandem, mit dem er befreundet war, oder einem Mafioso derselben Familie.

Als Bruno aus dem Gefängnis entlassen wurde, überließ er Scarfo eine Handvoll Büroklammern. Nur damit Sie es wissen: Selbst im Gefängnis sind Büroklammern völlig wertlos.

Obwohl Scarfo wusste, dass dies für einen Don ein armseliges Verhalten war, nahm er das »Geschenk« stillschweigend an und verlor Dritten gegenüber nie ein Wort darüber.

Jahre später, als Bruno tot war und Scarfo zum Don der Familie aufgestiegen war, erzählte Scarfo jedem die Geschichte mit den Büroklammern und nannte Bruno einen geizigen Bastard.

Scarfo war nicht der beste Mafiaboss der Welt, ganz im Gegenteil, aber zu Lebzeiten seines Vorgängers schluckte er seinen Ärger trocken herunter, weil er wusste, dass zahlreiche Mafiosi, die schlecht über ihren Boss geredet hatten, anschließend ermordet wurden.

In der Geschäftswelt steht nicht weniger als Ihr Überleben im Unternehmen auf dem Spiel.

Behalten Sie das im Hinterkopf. Die Wände haben Ohren.

Lektion 14

Haben Sie Ihr Auto gewaschen oder das Auspuffrohr gefickt? Verbale Ausdrucksfähigkeit

Einst sagte ein Mafioso zu mir: »Heute Nachmittag habe ich mein Auto sodomisiert.« Ich war ziemlich sicher, dass er es seinem Auto nicht von hinten besorgt hatte, sondern »simonize« – polieren – meinte. Ich lachte, und plötzlich wurde ihm klar, was er gesagt hatte.

Die verbale Ausdrucksfähigkeit der meisten Mafiosi ist hundsmiserabel. Ihr Vokabular ist begrenzt. Versuche, Ausdrücke zu verwenden, die ihnen nicht geläufig sind, enden oft komisch. In der legalen Geschäftswelt kann eine mangelhafte Ausdrucksfähigkeit jedoch böse enden, nämlich wenn Sie bei der Beförderung übergangen oder Ihnen nichtkommunikative Aufgaben zugewiesen werden.

Wir denken in Worten. Je breiter daher Ihr Vokabular ist, desto größer ist die Bandbreite Ihrer Gedanken. Ein armseliges Vokabular muss nicht heißen, dass jemand unintelligent ist. Ein breites Vokabular weist jedoch auf Ihre Bildung, Ihre Herkunft und die Kreise hin, in denen Sie sich bewegen. Ihre Art, sich auszudrücken, spricht buchstäblich Bände über Sie und die inneren Mechanismen Ihres Verstands.

> *»Der Geist wird durch Worte beflügelt.«*[50]
> Aristophanes

Wenn Sie Eindruck schinden wollen, entwickeln Sie Ihre linguistischen Fähigkeiten. Lernen Sie jeden Tag ein neues Wort. Selbst ein neues Wort pro Woche bewirkt große sprachliche Veränderungen, und – noch wichtiger – steigert Ihre Denkfähigkeit.

Während meiner Entwicklung zum Bücherwurm hatte ich stets ein Wörterbuch zur Hand und schlug jedes Wort nach, das ich nicht kannte. Ich schrieb Worterklärungen auf ein Blatt Papier, studierte sie, dachte über sie nach und verwendete sie in unterschiedlichen Sätzen. Wenn ich mit jemandem sprach, der einen Ausdruck benutzte, den ich nicht kannte, fragte ich ohne jede Verlegenheit sofort nach dessen Bedeutung oder schlug es bei nächster Gelegenheit im Wörterbuch nach. Diese Angewohnheit trug dazu bei, dass ich mein Vokabular erweitern konnte. Aber was noch wichtiger ist: Sie trug dazu bei, meine Denk- und Ausdrucksfähigkeit zu verbessern.

Zwar ist eine schlechte Ausdrucksfähigkeit in der Mafia akzeptabel und vielleicht sogar die Norm, aber ein Mafioso, der wortgewandt ist und geschliffen reden kann, sticht in jedem Fall heraus.

> *»Diktionsübungen … 5 bis 6 Uhr morgens.«*[51]
> Fiktiver Gangster Jay Gatsby
> in Scott F. Fitzgeralds *The Great Gatsby*

Don Joe Bonanno sagte einst: »Was ich in diesem Leben am meisten bedaure, ist, dass ich mich nie dazu gezwungen habe, die englische Sprache zu beherrschen. Das hat sich als fürchterlicher Nachteil erwiesen … Da mein englisches Vokabular begrenzt ist, war ich gezwungen, meine Gedanken zu vereinfachen. Als Folge klang ich ungehobelt.«[52]

Bei einer Sitzung der Kommission sagte Don Anthony »Fat Tony« Salerno, Oberhaupt der Genovese-Familie zu Don Paul Castellano, Oberhaupt der Gambino-Familie: »Sie drücken sich so wunderbar aus. Ich wünschte, ich könnte auch so reden.«

Selbst der unflätige, Zigarren paffende Salerno bewunderte die Schönheit der Sprache.

Lektion 15

Verlassen Sie sich nur auf sich selbst, und Sie sind nie verlassen

Ich habe ältere Männer kennengelernt, die ein ereignisloses Leben geführt haben und fünf oder sechs Freunde haben, mit denen sie seit ihrer Kindheit befreundet sind. Das ist toll für sie, aber in der Mafia werden Freundschaften jeden Tag aufs Neue auf die Probe gestellt.

> *»Wenn es hart auf hart geht, wenn ein Typ eine Pistole an seinem Kopf hat, dann wissen Sie, aus welchem Holz er geschnitzt ist.«*[53]
> Sam Giancana

Auf der Straße kann niemand vorhersagen, was ein anderer Mensch tut, wenn er mit dem Rücken zur Wand steht, aber Sie gehen eine sichere Wette ein, wenn Sie darauf setzen, dass er Sie verraten wird. Aus diesem Grund machen kluge Mafiosi und kluge Geschäftsleute jede Menge Freunde und knüpfen jede Menge Allianzen, vergessen aber nie, dass sie nur auf sich selbst zählen können, wenn es hart auf hart geht.

Ein altes Sprichwort lautet: »Derjenige, der sich selbst verteidigt, hat einen Narren als Anwalt.« Das trifft aber nicht immer zu. Viele kluge Mafiosi haben sich vor Gericht selbst verteidigt, weil sie wissen, dass sie niemandem, nicht einmal einem Anwalt, ihr Leben anvertrauen können.

> *»Mit einem Anwalt in einen Prozess zu gehen, der Ihren ganzen Lebensstil als eine einzige Übung in Kriminalität betrachtet, ist keine schöne Aussicht.«*[54]
> Der exzentrische Journalist und Autor Hunter S. Thompson

Carmine »die Schlange« Persico wurde 1985 in einem Prozess mit der Bezeichnung »The Mafia Commission Trial« angeklagt. Persico, der genügend Geld hatte, um eine ganze Lastwagenflotte damit zu füllen, hätte sich jeden noch so teuren Promi-Anwalt leisten können, entschied sich aber, sich selbst zu verteidigen. Dazu gehörte Mut. Immerhin stand sein Leben auf dem Spiel, aber aus lebenslanger Erfahrung wusste er, dass er sich in einer Notsituation nur auf sich allein verlassen konnte. Auf diese Weise war es der Schlange gelungen, die Schlangengrube des Mafialebens zu beherrschen.

Dem Mafioso aus Jersey, Giacomo »Jackie« DiNorscio wurde mit dreißig anderen Mafiosi wegen verschiedener Verbrechen, darunter auch Mord, der Prozess gemacht. DiNorscios Mitangeklagte hatten allesamt hochkarätige Anwälte angeheuert, wohingegen DiNorscio sich selbst verteidigte. Fast alle, die bei diesem Prozess anwesend waren, waren sich einig, dass es DiNorscios oscarverdächtigem Auftritt zu verdanken war, dass die Jury alle Angeklagten freisprach.

Ich war nicht so lange auf der Straße wie Persico oder DiNorscio, daher brauchte ich etwas länger, bis ich kapierte, dass ich mich nur auf mich selbst verlassen konnte.

>>*Als ich glücklich war, dachte ich, ich würde die Menschen kennen. Aber das Schicksal wollte, dass ich sie nur im Unglück kennenlernte.*<<[55]
Cecil Rhodes

Als ich in dem gleichen Schlamassel steckte wie Persico und DiNorscio, heuerte und feuerte ich sieben Anwälte, einschließlich des berühmten Zivilprozessverteidigers William Kunstler, bevor ich erkannte, dass kein Anwalt mein Leben so wichtig nimmt wie ich selbst. Daraufhin beschloss ich, mich selbst zu verteidigen und entdeckte schon bald, dass ich genauso clever agieren konnte wie jeder Verteidiger. In Zusammenarbeit mit einem anderen Mitgefangenen gelang es mir, meinen Fall neu aufzurollen, von dem meine Anwälte behauptet hatten, das sei unmöglich.

Verlassen Sie sich auf sich selbst, und Sie sind nie verlassen.

Lektion 16

Wie Luciano »Lucky« wurde: Sorgen Sie selbst für Ihr Glück

Als Jugendlicher hatte er das Gesicht voller Aknenarben. Er arbeitete für fünf Dollar die Woche. Er wurde für Waffenbesitz, bewaffneten Raubüberfall, Glücksspiel und Drogen verhaftet. Er saß im Loch. Auf ihn wurde geschossen. Er wurde mit dem Messer angegriffen und trug eine hässliche Narbe quer über seine Wange davon. Er wurde bewusstlos geprügelt, während er von einem Dachsparren hing. Er lebte unter der ständigen Beobachtung durch die Polizei. Er wurde ins Exil geschickt. Mit sechzig war er tot.

Klingt das in Ihren Ohren nach einem glücklichen Menschen? Und dennoch wurde er Lucky genannt. Und das war keineswegs sarkastisch gemeint. Wie kann es sein, dass ein Typ mit dieser Geschichte Lucky genannt wird?

Sein Name war Charles »Lucky« Luciano. Und er sorgte selbst für sein Glück.

Als Junge machte Luciano Besorgungen für jeden, der einen Laufburschen brauchte. Unermüdlich rannte er hin und her zum Lebensmittelladen und schleppte die Einkäufe seiner Auftraggeber nach Hause. Als sizilianischer Immigrant, der als Kind nach Amerika kam, verbrachte Luciano den ganzen Tag im Kino und sah sich Stummfilme mit Untertiteln an, um sich Englisch beizubringen.

Als Jugendlicher lieferte er Damenhüte an Kaufhäuser aus. Er arbeitete so hart und so viele Stunden, dass der jüdische Besitzer eines Geschäfts ihn am Freitagabend nach der Arbeit mit nach Hause nahm, damit Luciano Sabbath begehen und so zumindest eine kleine Pause genießen konnte.

Noch als Jugendlicher, der sich sein Geld als Laufbursche verdiente, wurde Luciano zu einem kompetenten Organisierer, der alle anderen Jugendlichen unter sein Kommando brachte, sie in einer Straßenbande organisierte und Bündnisse mit anderen Banden schloss. Später nutzte er diese Fähigkeiten an langen Arbeitstagen, an denen er Arbeitergewerkschaften organisierte und die stärkste Mafiafamilie der Welt gründete.

> *»Tony [Spilotro] war ein vollkommen fokussierter Mensch. Wenn er morgens aufwachte, wusste er genau, was er an diesem Tag machen würde. Er erhielt Dutzende von Anrufen in seiner Scheinfirma The Gold Rush Ltd. Er war an zahlreichen finanziellen Geschäften gleichzeitig beteiligt. Er führte unterschiedliche Gruppen, Hunderte von Menschen, verfolgte eine Million Pläne, die sich alle in unterschiedlichen Entwicklungsstadien befanden. Und obwohl die meisten am Ende nicht zum Erfolg führten, musste er dennoch einen Sechzehn- oder Siebzehn-Stunden-Tag investieren, um sie einzufädeln.«* [56]
> Nicholas Pileggi, *Casino*

Mit seinem Hang zu harter Arbeit hat sich Luciano den Titel als Gründungsvater der amerikanischen Mafia verdient. Lassen Sie uns Lucianos Leistungen mit denen eines der Gründungsväter Amerikas – George Washington – vergleichen.

Washington machte Amerika unabhängig von der britischen Oberherrschaft. Luciano machte die amerikanische Mafia unabhängig von der sizilianischen Oberherrschaft.

Nach dem Revolutionskrieg drängte Washington auf ein vereintes Amerika, um ein »weiteres zänkisches Europa«[57] zu vermeiden. Nach Lucianos Revolutionskrieg drängte er auf eine vereinte Mafia und gründete die »Kommission«, ein Führungsgremium der fünf Mafiafamilien zur Beilegung von Streitigkeiten und zur Wahrung einer harmonischen Zusammenarbeit aller Familien.

Washington wurde die Krone angetragen, aber er lehnte sie ab, weil er wusste, dass sie zu Problemen führen würde. Luciano wurde der Titel »Capo die tutti capi« – Boss der Bosse – angetragen, aber er lehnte ab, weil er wusste, dass dieser Titel zu Problemen führen würde.

Washingtons Errungenschaften inspirierten die Franzosen zur Entwicklung ihrer eigenen revolutionären Ideen. Lucianos Errungenschaften inspirierten die sizilianische Mafia zur Gründung ihrer eigenen Kommission – der Cupola.

All das löst bei mir die Frage aus, ob Luciano Washingtons Leben studierte und versuchte, ihn zu kopieren.

George Washington begann genauso arm wie Luciano. Als er elf Jahre alt war, starb sein Vater, und Washington wurde zum Familienoberhaupt. Mit 17 Jahren begann er als Landvermesser zu arbeiten und drang mutig in die Wildnis vor, um in unbesiedeltem Land Parzellen abzustecken. Er lernte von den Erträgen dieses Lands zu leben, brachte Pferde schwimmend durch verschneite Flüsse und schloss Bündnisse mit wilden Indianerstämmen. Mit 22 Jahren befahl Washington eine Gruppe von zwielichtigen Soldaten und lieferte sich im Rahmen von Auseinandersetzungen über Landansprüche Feuergefechte mit dem französischen Militär.

Wie Luciano nutzte Washington sein Organisationstalent und seine hohe Arbeitsbereitschaft später, um eine Armee zu schmieden, die das stärkste Heer der Welt besiegte.

Als Washington fest in seiner Position als Präsident einer neuen Nation und größter Revolutionsheld seiner Zeit etabliert war, mag er wie jemand gewirkt haben, der Glück gehabt hatte.

> *»Üblicherweise war ich achtzehn bis zwanzig Stunden am Tag auf der Straße, und das sieben Tage die Woche. Das war die Hölle, wenn man eine Familie hat. Aber so ist es eben in der Mafia.«*
> Vincent Teresa

Hier einige kurze Einblicke in Washingtons »glückliches« Leben: Er ruderte über den vereisten Fluss Delaware, fror sich bei Valley Forge den Arsch ab, unter seinem Hintern wurden Pferde abgeschossen, sein Mantel von Kugeln durchsiebt. Er überlebte ein Mordkomplott, litt unter Krankheiten, Erschöpfung, Depression und Angstzuständen, schlug eine Revolte seiner eigenen Männer nieder, starb kinderlos und hatte Holzzähne. Klingt das nach jemandem, der in seinem Leben Glück hatte?

Der Gründungsvater Amerikas und der Gründungsvater der amerikanischen Mafia würden Ihnen beide sagen, dass Sie selbst für Ihr Glück sorgen müssen. Eine Studie ihres Lebens zeigt, dass jedes Glück, das sie hatten, ein Produkt harter Arbeit war.

Arbeiten Sie hart. Denken Sie in großen Zusammenhängen. Und verlieren Sie nie Ihre Ziele aus den Augen.

Lektion 17

Die Bank der Gefälligkeiten zahlt die höchsten Zinsen

Während des Zweiten Weltkriegs wütete der italienische Zeitungsverleger Carlo Tresca gegen den Faschismus und Benito Mussolini.

Tresca lebte damals in den USA, wo Don Vito Genovese aus persönlichem Gefallen gegenüber Mussolini die Ermordung Trescas anordnete. Der Zeitungsverleger wurde in Manhattan mitten auf der Straße niedergeschossen. Das gefiel Il Duce und verpflichtete ihn gegenüber Genovese.

Das war ein großer Gefallen gegenüber einer einflussreichen Person. Genovese tat aber auch kleinen Leuten Gefallen.

Yolanda und Sal waren genau wie alle anderen frischverheirateten Immigranten, die in Amerika ankamen. Sie mühten sich ab, um über die Runden zu kommen und waren glücklich, in einer Mietskaserne auf der Lower East Side zu leben, wo sie mit dem halben Wohnhaus ein Badezimmer teilten.

Als Yolanda eine Operation brauchte, hatte das Paar kein Geld. Vito Genovese, der Don des Viertels, übernahm Yolandas Arztrechnungen.

Wie viele Immigranten der damaligen Zeit bekamen Yolanda und Sal einen ganzen Stall voll Kinder. Eines dieser Kinder zahlte Genovese diesen Gefallen zurück.

> *»[Lucky] Luciano hatte wenig Interessen an dem Hafen.*
> *[Aber] irische Ganoven, die diverse Hafenmolen betrieben,*
> *schuldeten ihm Gefallen.«*[58]
> Selwyn Raab, *Five Families*

Der Spitzname dieses Kindes lautete Cinzano. Als junger Mann wurde er Genoveses loyaler Sgarrista und Leibwächter. Später wurde er als »das Kinn« oder Vincent »das Kinn« Gigante bekannt. Als Genovese seinen Rivalen, den Mafiaboss Frank Costello beseitigen wollte, beauftragte er Gigante. Obwohl Gigante Costello in den Kopf schoss, überlebte dieser. Gigante wurde verhaftet, schwieg eisern und wurde am Ende freigesprochen. Er tat Genovese auch weiterhin Gefallen. Jahre später, nach Genoveses Tod, übernahm er die Kontrolle der Genovese-Familie.

> *»Die Genovese-Familie ist nach wie vor die mächtigste Familie der*
> *Vereinigten Staaten, und ich bezeichne sie als Elite der Unterwelt.«*[59]
> Joe Coffey, Sondereinheit zur Bekämpfung
> der organisierten Kriminalität

Der Gefallen, den Genovese zwei italienischen Immigranten tat, zahlte sich üppig aus. Durch Gigantes effiziente Führung wurde der Genovese-Clan wie ein Unternehmen der Fortune 500 geführt.

In der legalen Welt bedeutet ein Gefallen nicht, dass man Zeitungsverleger töten oder rivalisierende Mafiabosse erschießen muss.

Als ich aus dem Gefängnis entlassen wurde, hatte ich die gesetzliche Auflage, keinerlei Kontakt mit irgendeinem Mitglied der Gambino-Familie aufzunehmen, die aber allesamt mein altes Netzwerk bildeten. Tatsächlich hatte ich ein riesiges Guthaben an Gefallen angehäuft, und jetzt war mir der Zugang zu meinem Konto verwehrt.

Glücklicherweise war ich mit einem erfolgreichen Geschäftsmann von Long Island befreundet, der ein riesiges Netz an Gefallen geknüpft hat, in dem er der Mittelpunkt ist.

Wie eine Schaltzentrale bringt John »Johnny Parkway« Brunetti Sie mit jemandem zusammen, dessen Hilfe Sie brauchen. Wenn Johnny Ihnen einen Gefallen getan hat, werden Sie ihm mit größter Bereitwilligkeit den Gefallen zurückzahlen, wenn er Sie für jemand anderes um einen Gefallen bittet. Und so wächst der Gefälligkeitskreislauf.

> *Bonasera: »Was schulde ich Ihnen?«*
> *Don Corleone: »Irgendwann, und dieser Tag kommt vielleicht nie,*
> *werde ich Sie bitten, mir einen Gefallen zu tun.«*[60]
> Mario Puzo, *Der Pate*

Johnny Parkway bot mir einen Kredit seiner Gefälligkeitsbank an, indem er mich mit allen in Kontakt brachte, von denen er glaubte, dass sie mir bei meiner Karriere als Autor weiterhelfen könnten.

Johnny Parkway hilft vielen Menschen. Damit ist er reich geworden. Er hat einen ausgeprägten Geschäftssinn, aber es ist sein Gefälligkeitskreislauf, der ihn von der Herde der Eliteführungskräfte in Unternehmen unterscheidet, die ihren Arsch nur dann bewegen, wenn sie daraus unmittelbar Profit schlagen können.

Achten Sie darauf, dass Sie in der Bank der Gefälligkeiten über ein Guthaben verfügen. Sie wissen nie, wann Sie von diesem Konto etwas abheben müssen.

Lektion 18

Warum »das Kinn« einen Schlafanzug bei der Arbeit trug: Wann man sein Licht unter den Scheffel stellen sollte

Während des Zweiten Weltkriegs täuschte Joe Colombo eine Geisteserkrankung vor, um aus der Küstenwache entlassen zu werden. Später stieg er zum Oberhaupt der Colombo-Familie auf.

Als Don Joe Bonanno vor eine Grand Jury geladen wurde, klagte er über Herzprobleme und ließ sich in ein Krankenhaus einliefern. Er war 79 Jahre alt. Trotz seiner Klagen schlug sein Herz bis ins hohe Alter von 97 Jahren – beinahe ein ganzes Jahrhundert – wie eine Rolex. Die besten Ingenieure von BMW können keinen Motor bauen, der Bonannos Herz gleichkommt.

Anthony »Tumac« Aceturo berief sich auf Gedächtnisverlust, als er angeklagt wurde. Nachdem es ihm gelungen war, seinen Kopf aus der Schlinge zu ziehen, behauptete er, er habe sich den Kopf unter der Dusche gestoßen und danach auf wundersame Weise sein Gedächtnis zurückerlangt.

Die Mafia hat mehr Künstler als Florenz in der Renaissance – Verarschungskünstler. Der Michelangelo der Mafia war jedoch Vincent »das Kinn« Gigante, der Boss, der dreißig Jahre lang Geisteskrankheit vortäuschte, um der Verfolgung durch das Gesetz zu entkommen.

In dem Bewusstsein, dass er unter ständiger Überwachung stand, schlurfte Gigante in einem gestreiften Schlafanzug und einem Bademantel durch Manhattan und sprach mit Parkuhren. Selbst gegenüber vielen seiner Mafiakollegen hielt er diese Maskerade aufrecht.

Als Gigante noch ein Capo war, hatte ein Freund von mir ein Schlichtungsgespräch mit ihm. Gigante, der sich die ganze Zeit in Schweigen hüllte, hatte einen anderen Mafioso zu seinem Sprachrohr ernannt. Während der Diskussion legte Gigante seinen Fuß auf den Tisch und begann, sich die Fußnägel zu schneiden. Als sei das noch nicht verrückt genug, schnitt er sie zu kurz, sodass das Blut von seinen Nägeln auf den Tisch tropfte. Mein Freund verließ das Gespräch und sagte: »Ich weiß, dass er Theater spielt, aber dieser Typ hat sie wirklich nicht alle!«

Gigantes Verhalten war extrem – das waren allerdings auch die Konsequenzen, die er zu vermeiden versuchte: eine lebenslange Haftstrafe. Er macht deutlich, warum es manchmal zweckdienlich ist, die eigene Intelligenz zu verstecken.

Ob Sie die Mafiahierarchie oder eine Unternehmenshierarchie erklimmen, in jedem Fall haben Sie eine Menge Neider über sich. Wenn Sie auf deren Radar als Bedrohung ausgemacht wurden, werden sie ihre Raketen auf Sie richten.

Salvatore Testa aus Philadelphia war ein junger, intelligenter Mafioso. Als er in einem Artikel des *Wall Street Journal* als aufsteigender Stern der Mafia von Philadelphia beschrieben wurde, fühlte sich sein Boss Nicky Scarfo bedroht und ließ ihn umbringen.

Wenn Sie für jemanden mit Scarfos Art arbeiten, was auch in der legalen Welt nichts Ungewöhnliches ist, dann tun Sie gut daran, Ihr Licht unter den Scheffel zu stellen und Ihren Ehrgeiz zu verstecken. Manchmal ist das der einzige Weg, um zu überleben.

Einst herrschte ein durchgeknallter römischer Kaiser namens Caligula, der jeden umbringen ließ.

Während Caligula degenerierten Sexpraktiken nachging, sich vollfraß wie ein Schwein und die Mitglieder seines eigenen Hofstaats umbringen ließ, stand stets ein Narr in der Ecke und beobachtete ihn. Gelegentlich murmelte der Narr einige Worte, und jeder bewarf ihn mit Nahrungsmitteln.

Schließlich hatte eine Gruppe von Verschwörern die Nase voll von Caligula und machte ihn kalt.

Nachdem das Imperium nun keinen Kaiser mehr hatte, mussten die Verschwörer schnell jemanden ernennen. Sie sahen sich am Hof nach einer Person um, die sie kontrollieren konnten, und beschlossen, den Narren zum Kaiser zu ernennen, den alle mit Essen beworfen hatten. Sein Name war Claudius.

Wie sich herausstellte, war Claudius als Kaiser von Rom niemandes Narr. Als äußerst cleverer Kaiser regierte er 13 Jahre lang, ließ öffentliche Gebäude errichten, studierte Recht und überwachte die Ausdehnung des römischen Reichs, einschließlich der Eroberung Großbritanniens.

Ein simpler Narr.

Claudius wusste, wie man in der Höhle des Löwen überlebt und weiterkommt. Viele Mafiosi haben auf dieselbe Weise überlebt und sind aufgestiegen – einige sogar zum Familienoberhaupt, genau wie Claudius. Und kein einziges Mal hat es irgendjemand kommen sehen.

Lektion 19

Die harte Schule des Lebens: Erfahrung

Als ich aus dem Gefängnis entlassen wurde, hier einige hervorstechende Fakten, die Ihnen als potenzieller Arbeitgeber ins Auge gesprungen wären, wenn Sie meinen Lebenslauf angesehen hätten:

- ➤ drei gewalttätige Schwerverbrechen,

- ➤ kein einziger Tag ehrlicher Arbeit,

- ➤ nie Steuern gezahlt,

- ➤ nie eine Kreditkarte besessen,

- ➤ kein Uniabschluss,

- ➤ kein ordentlicher Beruf,

- ➤ keine ehrlichen Fähigkeiten,

- ➤ kein Führerschein.

Soll ich weitermachen? Um die Wahrheit zu sagen, ich würde jedem misstrauen, der mich auf Basis meines Lebenslaufs einstellen würde. Und hier meine Referenzen, die nicht in meinem Lebenslauf stehen:

- ➤ ehrgeizig;

- ➤ ein Mann, ein Wort;

- ➤ Lege größten Wert auf Ehre und Integrität;

- ➤ Freunde haben mir ihr Leben anvertraut, und ich habe mich dieses Vertrauens als würdig erwiesen;

- ➤ gebe niemals auf;

- ➤ mache nie denselben Fehler zweimal.

Dieser letzte Punkt ist ausschlaggebend, weil die harte Schule des Lebens zahllose Fehler beinhaltet – und dazu gehört auch, dass man aus ihnen lernt.

Über Jahrzehnte herrschte Joseph Stalin in Russland mit eiserner Faust. In dem Buch *Der junge Stalin* verweist Simon Sebag Montefiore auf die Ähnlichkeit zwischen Stalins Führungsstil und dem Führungsstil der Mafia.[61]

»Stalin wurde effektiv zum Paten einer kleinen, aber nützlichen Organisation zur Mittelbeschaffung, die eigentlich einer einigermaßen erfolgreichen Mafiafamilie glich: Er betrieb Erpressung, Geldfälschung, Wucher, Banküberfälle, Piraterie und Schutzgeldgeschäft.

Chruschtschow, der auf Stalin folgte, erinnert sich folgendermaßen an seinen Vorgänger: »Ich habe erlebt, wie er … in schneller Folge Fehler über Fehler machte – aber nie machte er denselben Fehler zweimal.«[62]

Stalin besaß ein Diplom der harten Schule des Lebens, genau wie die meisten Mafiabosse.

Auf dem Weg vom Gefängnis nach Hause sah ich mich um und dabei fiel mir auf, wie sehr sich die Welt verändert hatte. Familienangehörige und Freunde, die mit mir im Auto saßen, sagten: »Dies hat sich geändert, das hat sich geändert. Erkennst du dies, erkennst du jenes wieder? Wirst du klarkommen?«

»Haben sich die Menschen verändert?«, fragte ich.

»Nein.«

»Dann werde ich klarkommen.«

Die menschliche Natur bleibt immer gleich. Die harte Schule des Lebens lehrt diese Lektion und legt dabei einen hohen Wert auf Erfahrung, die Ihnen die Augen für Millionen Lektionen öffnet, die Sie in keinem Klassenzimmer der Welt lernen werden.

> *»Die meisten dieser Typen waren schließlich einfach nur*
> *ungebildete Kerle … aber sie waren straßenerfahren und ihr*
> *Geschäftssinn schien immer durch.«*[63]
> Joe Pistone

Heute bin ich voller Selbstvertrauen, wenn ich mich in einem Radio- oder Fernsehinterview verkaufe, ein Geschäft aushandele oder eine Idee vorstelle. Ich habe nie eine Uni von innen gesehen, aber ich habe an der harten Schule des Lebens promoviert.

Und so habe ich mir diese Promotion verdient: Ich startete ohne einen Cent ins Leben. Meine junge Mutter starb in meinen Armen, als ich zwanzig war. Ich überlebte Jahre in einem rattenverseuchten Gefängnis, in dem Drogen, Gewalt und Vergewaltigung an der Tagesordnung waren. Ich bildete mich aus eigenem Antrieb in einer dunklen, feuchten Zelle weiter und integrierte mich ohne einen Cent wieder in die Gesellschaft. Was hätte mich danach noch erschüttern können?

Hier eine kleine Übung für Sie: Für einige Augenblicke könnte sie ein wenig deprimierend sein, aber danach werden Sie sich unbesiegbar fühlen. Nehmen Sie ein Blatt Papier und schreiben Sie alle harten Erfahrungen auf, die Sie in Ihrem Leben durchgemacht haben: den Tod Ihrer Mutter oder Ihres Vaters, ein krankes Kind, eine verlorene Liebe, eine chaotische Scheidung, das Überleben eines schweren Autounfalls – egal, was Ihnen einfällt, ob es große oder kleine Ereignisse sind. Wenn Sie fertig sind, werden Sie feststellen, dass Sie jedes dieser Ereignisse überwunden haben und immer noch tapfer weiterkämpfen. Der Beweis ist, dass Sie dieses Buch lesen. Sie sind niemand, der die Flinte ins Korn wirft. Tatsächlich steigen Sie beim Gongschlag jedes Mal wieder in den Ring, wie Bobby Cabert einst sagte und »Ol' Blue Eyes« tat.

> *»Was du durchgemacht hast,*
> *kann dir keine Macht der Welt nehmen.«*[64]
> Anonym

Und jetzt sagen Sie mir, was ist ein kleines Vorstellungsgespräch im Vergleich zu allem, was Sie durchgemacht haben? Und eine Bitte um Gehaltserhöhung? Eine Produktvorstellung bei Wal-Mart? Kleine Fische.

Wahrscheinlich besitzen Sie auch einen Abschluss der harten Schule des Lebens, wissen es aber nicht einmal. Kein Diplom, keine Feier, aber die Kerben in Ihrem Gürtel.

Übrigens gibt's bei unserer Schule keine Wiedersehenstreffen. Wir sind zu hartgesotten für diesen Kram.

Lektion 20

Wird dieses Telefon abgehört? Passen Sie auf, was Sie am Tag so alles sagen

In einem Gesellschaftsklub in Manhattan hing ein riesiges Transparent an der Wand, auf dem stand: »Dieser Club wird abgehört.« An einer anderen Wand zeigte ein riesiger Pfeil auf ein rotes Bezahltelefon. Dort stand: »Dieses Telefon wird abgehört.«

Eines Tages besuchte ich den Klub und bemerkte, dass der Telefondraht durchschnitten war.

»Was ist passiert?« fragte ich den verantwortlichen Mafioso.

»Egal wie oft ich die Leute warne«, antwortete er, »reden sie am Telefon alle mögliche Scheiße.«

Mafiosi wissen, dass sie am Telefon nichts sagen dürfen, was vor Gericht gegen sie verwendet werden kann. Und trotzdem gibt es bei jedem Mafiaprozess Bänder über abgehörte Telefongespräche.

> *»Ich puste ihm seine Scheißbirne weg.«*
> John Gotti Sen. auf einem abgehörten Band

Straßengangster drücken sich verschlüsselt aus, um die Abhörung zu umgehen. Einst hörte ich einen Drogenhändler sagen: »Ich nehme 10 Kilo Mehl und 20 Kilo Oregano.«

Als er den Hörer auflegte, fragte ich ihn, »Was denkst du dir? Glaubst du wirklich, das FBI kriegt nicht raus, dass du Kokain und Marihuana meinst?«

»Ich habe eine Pizzeria«, antwortete er. »Sollen sie mir doch erst mal beweisen, dass es sich um Drogen handelt.«

»Wer bestellt 20 Kilo Oregano aus Kolumbien?«

Ich war nicht überrascht, als sie ihn erwischten und für 40 Jahre einlochten.

Sie brauchen sich keine Sorgen machen, dass das FBI Ihr Telefon verwanzt, aber auch Geschäftsleute nehmen Telefongespräche auf. Auch im Geschäft führen wir jeden Tag Telefonate und achten nicht immer bewusst darauf, was wir sagen. Vermeiden Sie Telefongespräche, die man Ihnen später auf Band präsentieren könnte.

In den meisten Teilen der USA verlangt das Gesetz nur, dass einer der beiden Gesprächsteilnehmer weiß, dass das Telefonat abgehört wird. Sprechen Sie daher am Telefon immer so, als würden Sie abgehört.

Mein Mafioso-Dasein machte mir die Gefahren bewusst, die von einem Telefon ausgehen. Dagegen ist niemand immun. Während das aufgezeichnete Telefonat eines Mafiosos unter Umständen im Gerichtssaal abgespielt wird, kann das Telefonat einer Geschäftsperson vor Gericht, in den Abendnachrichten, in YouTube, im gesamten Internet abgespielt, es kann als Geheimnis verwahrt oder zu Erpressungszwecken verwendet werden.

Selbst Berühmtheiten lernen nur mühsam, am Telefon auf ihre Worte zu achten. Im Jahr 2008 hörte Kim Basinger ihren Ex-Mann Alec Baldwin ab und stellte fest, dass er ihre gemeinsame Tochter bedrohte. Im Jahr 2010 machte Mel Gibson, der sich wahrscheinlich über Baldwin amüsierte, den gleichen Fehler mit seiner Ex-Freundin.

Selbstverständlich müssen Sie noch genauer auf Ihre Text- und E-Mail-Botschaften achten.

> »*Sprechen Sie nie, wenn ein Nicken reicht. Und nicken Sie nie, wenn ein Augenzwinkern genügt. Schreiben Sie nie eine E-Mail, weil das den Tod bedeutet. Sie geben den Staatsanwälten alle Beweise, die sie brauchen.*«[66]

Der US-Justizminister Alberto Gonzales trat zurück, nachdem eine Serie von E-Mails enthüllt hatte, dass er über eine politisch motivierte Entlassungswelle von US-Staatsanwälten Bescheid wusste.

In der Mafia wissen wir, dass sogar einige ehrliche Worte falsch interpretiert oder verdreht werden können, selbst wenn wir nichts Schlechtes zu sagen haben. Dasselbe gilt für die Geschäftswelt. Wenn sich ein gutartiger Kommentar aus dem Kontext reißen lässt, stellen Sie sich vor, was eine beiläufige abfällige Bemerkung anrichten kann, wenn Sie an die falschen Ohren gerät.

Passen Sie auf, was Sie sagen.

Lektion 21

Entweder er bringt Gus Farace um oder sich selbst: Die Befehlskette respektieren

Im Jahr 1989 stellte der Agent der amerikanischen Drogenbekämpfungsbehörde DEA, Everett Hatcher, verdeckte Ermittlungen an, als der Mafia-Associate Gus Farace Hatcher auf einer Straßenüberführung auf Staten Island das Gehirn wegblies. Anschließend floh Farace und avancierte augenblicklich von einem Kleinkriminellen zu Amerikas meistgesuchtem Verbrecher.

Das FBI nahm die Mafia in die Mangel und diese reagierte auf den Druck, indem sie Farace zum Tod verurteilte.

Es ist kaum überraschend, dass sie Farace noch vor dem FBI aufspürte.

>*Mit ihren Methoden sind sie auf alle Fälle schneller.*«[66]
Andy Kurins, Boss der Bosse, über die Mafiajustiz

Der Mafioso John Petrucelli von der Lucchese-Familie und ein enger Freund von Farace hatte ihn versteckt. Petrucelli wurde von seinem Capo einbestellt und damit beauftragt, Farace zu erledigen.

»Das kann ich nicht«, antwortete Petrucelli.

Daraufhin kam die Order von ganz oben. Lucchese-Boss Vittorio »Little Vic« Amuso sagte: »[Petrucelli] soll Farace umbringen oder er kann sich gleich selbst die Kugel geben.«[67]

Hier handelte es sich um das ultimative Machtwort eines Mafiabosses und nicht um Mr. Whipple, der freundlich darum bittet, »das Charmin nicht zu drücken.«[*]

Petrucelli weigerte sich dennoch – und wurde umgelegt.

> *»Ich fühlte mich schrecklich, weil ein Mann, der Eier hatte,*
> *wie kein Zweiter, erledigt werden sollte. Aber das war La Cosa Nostra.*
> *Der Boss meiner Familie hatte es befohlen. Die gesamte Kommission*
> *hatte es befohlen. Da konnte ich nichts machen.«*[68]
> Sammy »der Bulle« Gravano

Befehle müssen auf jeder Ebene ausgeführt werden. Wenn ein Befehl ignoriert wird, muss ein Sgarrista oder Mitarbeiter bestraft werden. Die Mafia ist eine Unterweltregierung. Unsere nationale Regierung handelt nach den gleichen strengen Richtlinien.

An einem Freitagnachmittag begann, sich in der Auffahrt eines großen weißen Anwesens eine Schlange von schwarzen Cadillacs mit Chauffeur zu bilden. Männer in schwarzen Anzügen, die von Leibwächtern begleitet wurden, stiegen aus und betraten die Villa. Sie waren von ihrem Boss zu einer geheimen Besprechung einbestellt worden. Es mussten Maßnahmen gegen einen Typen ergriffen werden, der Befehle missachtete.

Nach einigem Hin und Her beschlossen die Männer, dass ein Kompromiss nicht infrage kam und der Typ beseitigt werden musste.

Am nächsten Tag machte ihre Entscheidung Schlagzeilen: »Präsident Truman feuert MacArthur.«

General Douglas MacArthur hatte ein übermächtiges Ego. Seine

---

[*] Anspielung auf einen amerikanischen Werbespot für das Toilettenpapier der Marke Charmin, in dem der fiktive Supermarktverkäufer Mr. Geoge Whipple seine weiblichen Kundinnen lächelnd bittet: »Don't squeeze the Charmin.«

siegreiche Inselhüpfkampagne gegen die Japaner während des Zweiten Weltkriegs hatte sein Ego noch mehr aufgebläht. Während des anschließenden Koreakriegs begann MacArthur, der fest von seinem eigenen Militärgenie überzeugt war, den Oberkommandeur der amerikanischen Streitkräfte, Präsident Harry Truman, zu ignorieren. MacArthur, ein Mann des Militärs, verachtete die politischen Abwägungen, die Truman täglich treffen musste. Truman, ein politisches Produkt der mit der Mafia verbundenen Pendergast-Maschine, wusste, wie er mit dem Aufsteiger umgehen musste.

> *»Truman schuldet alles, was er ist und hat, uns.*
> *Pendergast machte ihn zum Richter und brachte ihn*
> *mit der ganzen italienischen Macht und Einfluss in den Senat.«* [69]
> Sam Giancana

Nach Rücksprache mit seinen Beratern entfernte Truman MacArthur aus dem Amt, und zwar in einer Szene, die direkt aus einem Mafiafilm stammen könnte, mit schwarzen Cadillacs und allem Drum und Dran. Der einzige Unterschied bestand darin, dass es sich bei der fraglichen weißen Villa um das Weiße Haus handelte. Am Ende waren die Konsequenzen des Ungehorsams die gleichen – das Ende einer Karriere.

Ob Sie die von Don Vic Amuso angeordnete Beseitigung Petrucellis oder die Entlassung MacArthurs durch Präsident Harry Truman betrachten, die Geschichte ist angefüllt mit Parade-Lektionen über die Bedeutung der Einhaltung der Befehlskette. Die Grundlage ist immer Respekt. Setzen Sie ihn von der Spitze aus durch. Die Alternative ist Anarchie.

Lektion 22

Holen Sie sich Ihren Kaffee selbst!
Wie Sie die Befehlskette respektieren, ohne zum Arschkriecher zu werden

Wie Sie gerade erfahren haben, müssen Sie die Befehlskette einhalten – Befehl ist Befehl. Es gibt allerdings einen Unterschied zwischen der Befolgung ernster Anweisungen zum Wohl der Organisation und einer Einkaufsliste, die man Ihnen in die Hand drückt. Natürlich müssen Sie Anweisungen befolgen, aber Sie können nicht den halben Tag damit verschwenden, bei Starbucks Frappuccinos für Ihren Boss zu holen.

Auf der Straße machte ich gutes Geld und war ein hartgesottener Kerl, sodass ich den Respekt anderer harter Kerle genoss. Trotzdem konnte ich hochrangige Mafiosi nicht immer davon abhalten, zu versuchen, mich zu manipulieren. Ich musste eine Grenze setzen, allerdings ist es nicht gut, für die eigene Gesundheit, einem Mafioso zu sagen: »Fick dich selbst.« Ich ging Konfrontationen aus dem Weg, indem ich vernünftige Wege fand, dieselbe Botschaft zu vermitteln – üblicherweise, indem ich witzige Methoden fand, mit Klugscheißern umzugehen.

Hier eine der Situationen, in denen ich meinen Standpunkt klarmachte, mir den Respekt eines Capos verschaffte und ganz nebenbei einen Lacherfolg erzielte:

Zuvor haben wir über Gambino-Capo Robert »Bobby Cabert« Bisaccia gesprochen – den Typen, der mir immer sagte: »Junge, der Gong zur nächsten Runde«, als wir zusammen im Gefängnis saßen. Bobby und ich waren nicht immer so eng befreundet, vielmehr begann unsere Freundschaft ein wenig holprig.

Man hatte Bobby eine abgetragene Gefängnisuniform gegeben, die so verknittert war, dass sie wirkte, als habe man sie zu einem Stoffball geknüllt, der anschließend von einer Dampflokomotive überrollt wurde. Da ich zur selben Mafiafamilie wie Bobby gehörte, aber hierarchisch unter ihm stand und nur halb so alt war wie er, dachte er, er könne mir die niedrige Arbeit aufhalsen, seine Uniform zu bügeln. Das Problem war, dass Bobby mich nicht wirklich kannte. Ich respektierte stets ältere Menschen und hielt mich an die Befehlskette, aber ich war kein Lakai.

> »Vielleicht hast du es noch nicht gehört, du warst lange weg.
> Niemand ist extra hingefahren, um es dir zu sagen,
> aber ich putze keine Schuhe mehr.«[72]
> Tommy DeVito, *Goodfellas*

Als Bobby versuchte, mir seine Uniform zum Bügeln zu geben, lachte ich und sagte ihm, dass ich nicht einmal meine eigene Uniform bügelte, sondern einen Mithäftling dafür bezahlte, das für mich zu erledigen. Ich fügte hinzu, ich würde selbstverständlich gerne den Kontakt für ihn herstellen.

Bobby ignorierte mein Angebot und forderte mich erneut auf, seine Uniform zu bügeln. Ich lächelte, mahlte dabei aber mit den Zähnen.

»Okay«, sagte ich zu mir selbst. »Ich verpass dem Arsch eine Lektion.«

Ich nahm Bobbys Uniform, ging zu meinem Bügeljungen und sagte, »Bügel sie so, dass sie schlimmer aussieht, als vorher, wenn das möglich ist.«

Als ich Bobby seine Uniform brachte, sagte ich mit einem Augenzwinkern: »Besser ging's nicht. Ich hoffe, du bist zufrieden.«

Einen Moment lang machte Bobby ein irritiertes Gesicht, aber dann lachte er, als er seinen Fehler erkannte. Ich war genau wie er von der Straße abgehärtet und ließ mich nicht einschüchtern, und genau wie er saß ich lebenslang hinter Gittern. Hätte ich Hosen bügeln wollen, hätte ich in einer Reinigung angeheuert. Dann wäre ich gewiss nicht eingebuchtet worden.

Ab dem Moment, in dem Bobby klar war, wo ich stand, kamen wir bestens miteinander aus. Ich holte ihm gerne einen Kaffee, wenn er mir auch einen Kaffee holte. Und Bobby trank gerne einen Kaffee mit mir, etwas, das er nie mit einem Laufburschen getan hätte.

Bobby war übrigens nicht nachtragend. Ich nutzte meine Verbindungen zur Gefängniswäscherei, um Bobby eine brandneue Uniform zu besorgen, an der praktisch noch das Preisschild klebte.

Am Ende bekam Bobby, was er wollte: eine gebügelte Uniform. Und ich bekam ebenfalls, was ich wollte: denselben Respekt, den ich auch zu zeigen bereit war.

Ein antikes Mittelmeer-Kriegsschiff, die römische Trireme – auch Dreiruderer genannt –, ist ein perfektes Beispiel für eine moderne Mafia oder ein modernes Unternehmen.

Eine Trireme verfügt über drei gestaffelte Riemenreihen mit 170 Ruderern. Gemeinsam treiben sie das Schiff an.

Der Kapitän dieses Kriegsruderschiffs wurde als Trierarch – oder auch Vorstandsvorsitzender – bezeichnet.

Der Erfolg eines solchen Schiffs hing, wie der Erfolg eines guten Unternehmens, von seiner Geschwindigkeit und Wendigkeit ab.

Aristophanes, Komödienschreiber der griechischen Antike, teilt uns in seiner Beschreibung einer Trireme mit, dass eine Riemenreihe der anderen ins Gesicht furzt – wie in Unternehmen auch.

Auf dem Weg nach oben können Sie den einen oder anderen Furz verkraften, aber lassen Sie sich niemals auf den Kopf scheißen.

Lektion 23

Töten oder getötet werden: Wann Sie eine Anweisung verweigern müssen

Don Little Nicky Scarfo von Philadelphia wollte den Mafioso Salvatore Testa beseitigen lassen. Scarfo wies einen seiner Capos an, Testas besten Freund, Joe Pungitore, damit zu beauftragen. Pungitore war unglücklich über diesen Befehl, aber Geschäft war Geschäft. Wenn er sich weigerte, war er der Nächste. Er erklärte sich bereit, Testa in eine Falle zu locken, aber er weigerte sich, den Abzug zu drücken.

Als Scarfo Pungitores Antwort überbracht wurde, lachte er und sagte: »Wo zum Teufel ist da der Unterschied?«[71] Scarfo wusste, dass die Beteiligung an einem Mord das Gleiche ist, als würde man die betreffende Person selbst umbringen.

Große Unternehmen setzen keine Killer auf ihre Mitarbeiter an, aber sie können genauso effektiv Böses tun, wie die Mafia.

> *»Fang nicht an, mit mir über legale Geschäfte zu reden. Was ist mit Chemiekonzernen, die ihren ganzen Scheiß in die Flüsse leiten und plötzlich werden überall missbildete Kinder geboren?«[72]*
> Tony Soprano, *Die Sopranos*

Anders als ein Mitglied der Mafia, das Befehle ausführen muss oder umgebracht wird, können Sie als Mitarbeiter eines Unternehmens ein unethisches Ansinnen oder eine Aufgabe ablehnen. Sie sind nicht gezwungen, einem kranken Menschen, der keine Krankenversicherung hat, die Behandlung zu verweigern. Sie sind nicht gezwungen, einer alten Frau die Hölle heißzumachen, die in Kreditkartenschulden ertrinkt. Sie können Nein sagen. Nein ist ein derart mächtiges Wort, dass Gandhi, ein kleiner, in Lumpen gehüllter Mann, das mächtige britische Imperium damit in die Knie zwang.

Wenn Sie von schmutzigen Geschäftspraktiken Wind bekommen und entweder wegsehen oder sich selbst einreden: »Ich befolge nur Anweisungen«, dann sagen Sie mir, »Wo zur Hölle ist da der Unterschied?« Sie sind genauso schuldig wie die Leute, für die Sie arbeiten.

»Wir haben ein irritierendes Maß an Hörigkeit gegenüber Befehlen erlebt. Mit schöner Regelmäßigkeit geschah es, dass gute Menschen unter den Forderungen der Autorität einknickten und gefühls- und rücksichtslos handelten. Männer, die in ihrem Alltag verantwortlich und anständig waren, wurden durch die Fallstricke der Autorität verführt.«[73]
Stanley Milgram, *Das Milram-Experiment:* Zur Aufdeckung der Gehorsamsbereitschaft gegenüber Autoritäten

Sophokles, ein Theaterschreiber der griechischen Antike, schrieb über zwei Brüder – Eteocles und Polynices –, die um ein Königreich kämpften. Nachdem sich die beiden gegenseitig umgebracht hatten, schwang sich ein harter Kerl namens Creon auf den leeren Thron.

In einem Akt der Parteinahme für Eteocles verkündete Don Creon, dass Eteocles mit allen Heldenehren beigesetzt werden solle, wohingegen Polynices der Schmach ausgesetzt werden und unbegraben auf dem Schlachtfeld liegen gelassen werden sollte, wo ihn die Geier fressen würden.

Polynices hatte eine Schwester, Antigone, die dickere Eier hatte, als alle Männer des gesamten Königreichs. Sie forderte Creon offen heraus, indem sie auf das Schlachtfeld marschierte und ihren Bruder begrub.

Erzürnt ließ Creon Antigone vor sich in den Staub werfen. Sie verteidigte sich tapfer, indem sie sagte, sie habe richtig gehandelt, indem sie ihren Bruder begraben habe, und falls es Creon nicht gefalle, solle er doch zum Teufel fahren. Außer sich vor Zorn befahl Creon, Antigone lebendig in einer Höhle zu begraben.

Antigone vereitelte Creons Befehl, sie eines langsamen Todes sterben zu lassen, indem sie sich schnell selbst tötete und dabei dem respektlosen Creon ein letztes »Fahr zur Hölle« entgegenschleuderte.

Am Arbeitsplatz gibt es keinen Creon, der Sie lebendig begraben kann, oder einen Scarfo, der Sie umbringen lässt. Stehen Sie also auf und verteidigen Sie, was richtig ist.

Seien Sie eine Antigone und kein Pungitore.

Lektion 24

Plato – hatte der nicht einen Swingerclub? Seien Sie informiert

Eines Tages fragte mich ein älterer Mafioso, »Weißt du, wer Plato war?«

»Ja«, sagte ich. »Dem gehörte ein Sexclub in New York.«

Plato's Retreat war ein Swingerclub in New York City aus der Zeit vor meiner Mafialaufbahn. Ich hatte davon gehört und dachte, der alte Mann sei dort gewesen, habe ordentlich gevögelt und wolle mir jetzt die Geschichte erzählen. Damals hatte ich keinen blassen Schimmer, dass Plato auch ein Philosoph der griechischen Antike war. Das war natürlich in Ordnung. Schließlich hatte ich nicht Philosophie studiert, sondern war nur ein kleiner Fisch in der Mafia. Auf der Straße war es jedoch unverzichtbar, die Geschichte jeder einzelnen Person oder jedes Unternehmens zu kennen, mit der oder dem man ein Geschäft machen oder die oder das man erpressen wollte.

Einmal begleitete ich einen Mafioso zu einer Besprechung, bei der er versuchte, seine Krallen in einen Geschäftsmann zu schlagen, um ein profitables Geschäft zu vereinbaren. Der Mafioso hackte wiederholt auf dem Expartner des Geschäftsmanns herum, wobei sich beide einig waren, dass besagter Expartner ein fauler Hurensohn sei, der seinen Teil des Geschäfts nicht ordentlich erledige.

Es gibt eine Million Wege, um auszudrücken, dass jemand faul ist. Zufällig wählte der Mafioso den einen Ausdruck, mit dem er einen empfindlichen Nerv des Geschäftsmanns traf. Immer wieder bezeichnete er dessen Expartner als Krüppel. In der Mafiasprache bezeichnet der Begriff einen hilflosen Menschen, jemand der nicht in der Lage ist, selbst Geld zu verdienen. Der Mafioso wusste nicht, dass der Geschäftsmann einen Sohn hatte, der seit einem Unfall in der Kindheit gelähmt war. Hätte sich der Mafioso vor der Besprechung über den Hintergrund seines Gesprächspartners schlaugemacht, hätte er schnell gewusst, dass er auf diese geschmacklose Bezeichnung besser verzichtete. (Zugegeben er hätte besser so oder so darauf verzichtet.)

Zwar sprach er es nie an, aber der Geschäftsmann war offensichtlich über diesen Ausdruck verärgert. Das Geschäft fiel ins Wasser. Er fand einen anderen Mafioso als Partner.

Heute dauert es nur eine Minute, bis man jemanden im Internet recherchiert hat. Wenn sie einen gemeinsamen Freund oder Bekannten haben, fragen Sie den. Unter Umständen erfahren Sie einige persönliche Marotten, Vorlieben oder Abneigungen, Hobbys oder sonst irgendetwas, das Ihnen dabei helfen könnte, eine Beziehung zu knüpfen ... oder diese zu torpedieren, noch bevor sie begonnen hat.

Legen Sie sich nicht auf die faule Haut. Machen Sie Ihre Hausaufgaben. Seien Sie informiert.

Lektion 25

Ich will meine Scheißkohle! Zahlen Sie immer pünktlich

Eines der ersten Dinge, die ich von älteren Mafiosi lernte, war die Bedeutung pünktlicher Zahlung. Jeder Straßengangster, der Leute hinhält und nicht pünktlich zahlt, erwirbt sich schnell einen Ruf als Schnorrer.

Als ich eingelocht wurde, hatte ich Außenstände von mehreren Hunderttausend Dollar, schuldete aber meinerseits niemandem auch nur einen Cent, weil ich meine Schulden stets pünktlich bezahlte.

Selbst Leute, die am Ende ihre Schulden zurückzahlen, halten so lange wie möglich am Geld fest. Ich bin davon überzeugt, dass man besser früher als später zahlt, wenn man sich sowieso vom Geld trennen muss. Denn dann wirken Sie als Star und stechen aus der Masse heraus.

> *»Derjenige, der dafür bekannt ist, dass er pünktlich und genau*
> *zum versprochenen Zeitpunkt zahlt, wird sich zu jeder Zeit*
> *und bei jeder Gelegenheit alles Geld leihen können,*
> *das seine Freunde entbehren können.«*[74]
> Benjamin Franklin, *The Autobiography of Benjamin Franklin*

Ein guter Ruf spricht sich herum. Jeder wird mit Ihnen Geschäfte machen wollen.

Lektion 26

Lassen Sie sich nicht in die Karten gucken: Wann Sie besser ein Pokerface machen

Don Carlo Gambino, der stets mit leiser Stimme sprach, war einer dieser Mafiosi der alten Schule, der jemanden mit einem bedächtigen Kopfnicken ins Grab schickte. Im Alter schrumpfte Gambino zu einem zerbrechlichen alten Mann zusammen und machte alles andere als einen gefährlichen Eindruck.

Eines Abends aß Gambino in einem Restaurant in Brooklyn zu Abend, als ein Mafioso namens Carmine »Mimi« Scialo begann, ihn zu beleidigen. Scialo war ein gefürchteter Auftragsmörder und dachte, sein gewalttätiger Ruf würde Gambino einschüchtern. Gambino nahm die Beleidigungen schweigend hin. Der alte Don ließ sich nie in die Karten gucken.

»Was einen echten Mafioso auszeichnet, ist, dass er wortkarg ist, jedes Wort auf die Goldwaage legt und selbst bei extremer Provokation Ruhe und Würde bewahrt.«[75]
Paul Lunde, *Organized Crime*

Nicht lange nach diesem Vorfall wurde Scialos Leiche gefunden, einzementiert in den Boden eines Kellers in Brooklyn. Jeder in der Unterwelt wusste, dass Scialo starb, weil er Gambino beleidigt hatte.

Sieben Jahre später und einen Ozean entfernt befand sich die sizilianische Mafia im Krieg.

Der Auftragsmörder Pino Greco hatte Mafiaboss Salvatore Inzerillo erschossen. Inzerillo starb im Rahmen eines Machtkampfes. Über die Ursache seines Tods gab es wenig mehr zu sagen. Der Tod seines siebzehnjährigen Sohns Giuseppe war jedoch eine ganz andere Geschichte. Der junge Giuseppe starb, weil er sich in die Karten gucken ließ.

Auf dem Begräbnis seines Vaters schwor Giuseppe öffentlich, den Tod seines Vaters zu rächen. Giuseppes Drohung wurde nicht auf die leichte Schulter genommen. Nicht lange nach der Beerdigung wurde Giuseppe von dem Mörder seines Vaters entführt und gefoltert. Bevor er den Jugendlichen aus seinem Elend erlöste, sägte ihm Greco den Arm ab und verhöhnte ihn damit, indem er ihm sagte, mit diesem Arm werde er seinen Vater auf alle Fälle nicht mehr rächen.

»Jemand hörte, wie ein Ex-Häftling namens Frank Benjamin damit prahlte, er werde die ganze Winter-Hill-Crew erledigen, angefangen mit McLean. Ein Auftragskiller, der Winter Hill gegenüber loyal war, schoss ihm ihn den Kopf.«[76]
T. J. English, *Paddy Whacked*

Ungefähr sieben Jahre nach den Inzerillo-Morden war der Mafia-Informant Nicky »die Krähe« Caramandi drauf und dran, in elf Prozessen auszusagen, die der Mafia von Philadelphia schließlich den Garaus machten.

Das FBI versteckte die Krähe in einer schicken Eigentumswohnung. Zwei Frauen, die Mutter und Schwester der beiden Brüder, gegen die er aussagte, spürten die Krähe auf, als er sich am Pool sonnte. Die Krähe wiederum sah die beiden nicht – bis die beiden Frauen ihn anschrien und verfluchten:

»Du dreckiger Rattenbastard!«

»Scheißspitzel!«

Die Krähe schwang sich in die Luft, flog davon und ward nie mehr gesehen. Hätten sich die beiden Frauen still verhalten, hätte die Krähe, der Kanarienvogel oder was auch immer für ein Scheißvogel er war, sein letztes Vogelbad genommen und wäre mit dem Schnabel nach unten im Pool gelegen.

Egal wie groß die Versuchung ist, lassen Sie sich nie in die Karten gucken.

Lektion 27

Capone, Harvard und Yale: Der Schlüssel zu Wachstum

Al Capone befahl die Ermordung Hunderter von Männern und brachte einige sogar persönlich um. Dennoch verzieh er den Jungs aus der Nachbarschaft, die aus seinem Gesicht Chopsuey gemacht hatten, die Existenz.

Als Capone ein Teenager war, hing er in einem New Yorker Nachtlokal mit der Bezeichnung Harvard Inn herum, das dem Mafioso Frank Yale gehörte. Eines Abends war ein Straßengangster namens Frank »Galluch« Gallucio im Inn, wo er mit seiner Braut und seiner jüngeren Schwester Lena am Tisch saß. Capone sah die hübsche Lena und versuchte, sie anzubaggern. Lena war an dem untersetzten, pickeligen Strolch mit dem schütteren Haar nicht interessiert und verscheuchte ihn. Capone, der nicht zu denen gehörte, die leicht aufgaben, ließ jedoch nicht locker.

Nach einer Weile teilte Galluch ihm freundlich mit, dass Lena seine jüngere Schwester sei, und forderte ihn auf, sich vom Acker zu machen. Capone, jung und ohne Manieren, ignorierte Galluch und sagte zu Lena, sie habe einen hübschen Arsch. Unglücklicherweise für Capone besaß Galluch ein Messer wie ein japanischer Küchenchef.

Capone wurde eiligst ins Coney Island Hospital gebracht, und so war »Scarface« geboren.

Überraschenderweise sann Capone nicht auf Rache. Er war vielleicht ein Klugscheißer, aber er wusste, wann er einen Fehler gemacht hatte. Die Tatsache, dass er einen Fehler zugab, und das schon als Jugendlicher, bewies frühe Weisheit, und zwar die Art von Weisheit, die man braucht, um Chicagos Unter- und Überwelt zu regieren, einschließlich einer bestechlichen Polizei und einer korrupten Politikmaschinerie. Capone erfüllte alle Voraussetzungen.

Jahre später stieg Al »Scarface« Capone bis an die Spitze der Nahrungskette der Mafia auf. Als Don bestimmte er über Leben und Tod und hätte leicht »Spiegeleier mit Galluch« zum Frühstück bestellen können. Aber er schonte nicht nur Galluchs Leben, er stellte ihn sogar als persönlichen Leibwächter ein, wann immer er in New York zu Besuch war. Dass Galluch Capone so weit vertraute, dass er den Job auch annahm, ist ein weiteres, aussagekräftiges Zeugnis für Capones Charakter.

Galluch starb 1960 an einem Herzinfarkt, drei Jahre nach Capones Tod.

Es ist nicht leicht zuzugeben, dass man einen Fehler gemacht hat, aber Leugnen ist etwas für Dumme. Machen Sie sich keine Sorgen über Ihr Ego. Sie werden darüber hinwegkommen. Wenn Capone das konnte, können Sie es auch. Zugeben zu können – sogar vor sich selbst –, dass Sie einen Fehler gemacht haben, ist der wichtigste Schritt zu persönlichem Wachstum.

Lektion 28

Die Wanze und der Jaguar: Geduld

Lassen Sie uns den Krieg der Gesetzesvertreter gegen die Mafia betrachten, um eine Lektion in Geduld zu lernen.

In Kino und Fernsehen treten Cops Türen ein und rasen in Verfolgungsjagden mit kreischenden Reifen um die Ecken, während sie auf die bösen Jungs schießen. Das ist Bullshit. Die meisten Polizisten und FBI-Agenten schießen nie, außer auf dem Übungsplatz. Ermittlungsarbeit ist anstrengend und ermüdend und erfordert eine unendliche Geduld, vor allem wenn es darum geht, eine Mafiafamilie festzunageln.

Ein Polizist oder FBI-Agent, der gegen einen Mafioso ermittelt, arbeitet sich durch ganze Stapel von Akten und Telefonbändern, registriert Nummernschilder und macht Fotos und hängt sie in der Ermittlungszentrale an ein Korkbrett. Ich muss schon gähnen, wenn ich nur über den Scheiß nachdenke, den sie machen müssen.

> *»Diese Ermittlungen dauern Jahre, bis sie zu etwas führen,*
> *und eine der wertvollsten Eigenschaften, die ein Mitarbeiter*
> *der Abteilung Organisierte Kriminalität haben kann, ist Geduld.«*[79]
> Bruce Mouw, ehemaliger Leiter
> der Gambino-Ermittlungseinheit des FBI

Geduld zahlt sich allerdings aus, und aus diesem Grund wird immer wieder die Festnahme eines Mafiosos in den Nachrichten bekannt gegeben.

Es gibt eine berühmte Fabel von Aesop mit dem Titel »Die Schildkröte und der Hase«, die eine Lektion in Geduld vermittelt. Ich habe der Mafia ihre eigene Version gegeben: Der Käfer und der Jaguar.

Salvatore Avellino, ein Mafioso der Lucchese-Familie, der die Müllabfuhr in Long Island kontrollierte, verbrachte den größten Teil seiner Freizeit mit seinem Don Anthony »Tony Ducks« Corallo. Die FBI-Agenten, die gegen Ducks und Avellino ermittelten, beschlossen, eine Wanze in Avellinos Jaguar anzubringen. Das Auto erwies sich als schwer zu verwanzen, da Avellino entweder im Auto saß oder das Auto in der abgeschlossenen Garage stand.

Hier war Geduld gefragt.

Eines Abends ging Avellino zu einem Bankett in das Huntington Town House auf Long Island. Er gab dem Parkservice-Mitarbeiter ein großzügiges Trinkgeld, damit er sein Auto im Auge behalte. Glücklicherweise für die Vertreter von Recht und Gesetz verdiente dieser Mitarbeiter das Trinkgeld nicht. Während er mit seiner Freundin am Telefon plauderte, Radio hörte und in der Nase bohrte, brachten die FBI-Agenten eine Wanze in Avellinos Jaguar an. Das nächste Gespräch zwischen Avellino und Corallo wurde vom FBI aufgezeichnet.

Manchmal überwachen FBI-Agenten ein Haus oder einen sonstigen Aufenthaltsort über Wochen oder sogar Monate und warten auf eine kleine Gelegenheit, eine Wanze anzubringen. Die zahllosen Ermittlungserfolge gegen die Mafia sind der Geduld der Gesetzesvertreter zu verdanken.

Ich gebe es nur äußerst ungern zu, aber was Geduld betrifft, sind die Gesetzesvertreter der Mafia überlegen.

> *»Wie arm sind diejenigen, die keine Geduld haben!«*[80]
> Iago, *Othello*

Lektion 29

Stecken Sie sich Ihre Almosen sonst wo hin: Kultivieren Sie Aggressivität

Von meiner Jugend an habe ich gestohlen, aber nie gebettelt. Als ich erkannte, dass Stehlen falsch war, habe ich damit aufgehört, aber ich habe trotzdem nie gebettelt.

Ich war immer sehr ehrgeizig, aber völlig auf dem Holzweg. Ich musste nur meinen wilden Ehrgeiz zügeln und auf legale Vorhaben lenken. Sobald ich das tat, wurde ich ein völlig neuer Mensch, bewahrte mir aber die Einstellung, dass ich mir nahm, was ich wollte – auf legale Weise.

Jemand, der nach Almosen sucht, entwickelt eine Versorgungsmentalität und wird unweigerlich hilflos. Glauben Sie mir, nichts kommt von allein. Ich begriff diese harte Wahrheit auf der Straße. Dieses Verständnis wurde im Gefängnis verstärkt und brachte mich bei meiner Rückkehr in die Gesellschaft auf Vordermann, als ich eifrig darauf bedacht war, mich in der legalen Welt durchzusetzen.

Die Mafia kontrolliert Gewerkschaften, Bauprojekte, die Abfallentsorgung und Manhattans Schneiderviertel Garment District. Sie hat ihre Hände in fast jedem größeren profitablen Geschäftszweig. Und trotzdem musste ich als Neuling eine Waffe in die Hand nehmen und mitten auf der Straße einen Lastwagen überfallen. So gut wie jeder Mafiaboss, einschließlich John Gotti, begann ich mit Raubüberfällen. Aus diesem Grund gibt es in der Mafia keine Almosen. Sie müssen sich selbst Ihren Weg bahnen, indem Sie sich nehmen, was Sie wollen.

>*»Das ist, was den meisten Menschen fehlt«, sagt ein ehemaliger Chief Detective von Chicago. »Wenn Sie Capone oder jeden anderen damaligen italienischen Gangster betrachten, werden Sie feststellen, dass der Schlüssel in der Aggressivität aller Italiener liegt. Sie würden alles tun, um voranzukommen.«*[79]
>Robert J. Schoenberg, *Mr. Capone*

Die kriminellen Mittel, mit denen Mafiosi ihren Reichtum erwerben, sind falsch, aber ihr aggressiver Geist ist richtig.

Kurz nachdem John Gotti verurteilt und zu einer lebenslangen Haftstrafe verknackt worden war, wurde auch ich zur Zielscheibe umfangreicher Ermittlungen über Mafiageschäfte. Mit Sicherheit würden sie mich festnageln. Ich brauchte dringend ein Verteidigungsargument für den Prozess.

Lektion 30

Meistern Sie Ihr eigenes Schicksal, anstatt ein Meister der Verkleidung zu sein

Gambino-Underboss Aniello Dellacroce hatte den Spitznamen O'Neil – eine Abkürzung für Pater Timothy O'Neil, ein geistlicher Name, den Dellacroce annahm, als er sich als Pfarrer verkleidete, um einen Mordauftrag auszuführen.

Der sizilianische Boss Bernardo Provenzano tauchte bei einer heimlichen Mafiabesprechung in einer Bischofsrobe mit Mitra und Schärpe auf.

Die Auftragsmörder, die den irischen Gangster Punchy McLaughlin auf dem Parkplatz des Beth Israel Hospitals in Boston erschossen, waren als Rabbiner verkleidet.

Und der Auftragsmörder der Lucchese-Familie, John Fortuna, verkleidete sich als Arzt, als er versuchte, den Spitzel »Fat Pete« Chiodo zu erledigen, während dieser im Krankenhaus lag.

Eine Reihe von Mafiosi haben ihre Identität gewechselt und sind in Verkleidungen geschlüpft, um einen Auftrag zu erledigen, und waren anschließend wieder sie selbst.

Denken Sie mal darüber nach. Wenn es so einfach ist, die eigene Identität für einen einzigen Tag zu verändern, warum können sich Menschen dann nicht genauso gut für immer verändern?

Sie können es.

Das menschliche Gehirn besitzt die erstaunliche Fähigkeit, sich zu verändern. Fast jede unserer Körperzellen wird innerhalb von sieben Jahren vollständig erneuert. Noch erstaunlicher ist die Tatsache, dass es eine Siebtelsekunde dauert, um seine Meinung zu ändern.

Zu jedem Zeitpunkt in Ihrem Leben können Sie die Entscheidung treffen, sich zu ändern und ein anderer Mensch zu werden.

Dellacroce hätte ein echter Pfarrer werden können und Fortuna ein echter Arzt – wenn sie es gewollt hätten. Was wollen Sie sein? Das ist Ihre Entscheidung. Derselbe Gott, der Crick und Watson, Newton und Einstein, Bill Gates und Steve Jobs erschaffen hat, hat auch Sie erschaffen.

> *»Kann jeder ein Einstein sein?*
> *Die Wissenschaft kommt der Lösung des komplexen Rätsels,*
> *das das menschliche Gehirn darstellt, immer näher.*
> *Und es sieht allmählich so aus,*
> *als schlummere in jedem von uns ein Genie.«*[80]
> The London Sunday Times

All die herausragenden Männer und Frauen, die auf dieser Erde einen Eindruck hinterlassen haben, waren aus exakt dem gleichen Stoff gemacht wie Sie. Keine Magie, die Sie nicht besitzen, kein Hokuspokus. Sie haben einfach ihren Zweck erkannt und ihren Arsch bewegt.

Als ich beschloss, ein neuer Mensch zu werden, verabschiedete ich mich von meinen Mafia-Ambitionen und entdeckte meine Liebe für das Lesen und Schreiben. Es dauerte viele Jahre, bis ich mich zu einem Autor entwickelt hatte, aber ich gab niemals auf.

> *»Jeder Heilige hat eine Vergangenheit,*
> *und jeder Sünder eine Zukunft.«*[81]
> Oscar Wilde

Nachdem ich mein erstes Buch Unlocked veröffentlicht hatte, wurde ich auf eine Buchmesse in San Francisco eingeladen, um über mein Buch zu sprechen und es zu signieren. Eine Limousine holte mich vom Flughafen ab und brachte mich zum Hotel. Vor dem Hotel gab es keinen Parkplatz, daher bat ich den Fahrer, in zweiter Reihe zu parken und meinen Koffer dort auszuladen.

Nachdem ich meinen Koffer hatte, fand ich mich zwischen der hinteren Stoßstange der Limousine und der vorderen Stoßstange eines Transporters eingeklemmt. Der Fahrer des Transporters war gefährlich nahe an mich herangefahren und ließ mir kaum Platz, mich zu bewegen. Nachdem ich gerade einer Limousine entstiegen war, dachte er wahrscheinlich, ich wäre irgendso ein reicher Wichser. Er wollte mich ärgern. Ich lachte darüber.

Zudem war es ein gepanzertes Fahrzeug, was mich ein wenig amüsierte – ein witziger Zufall angesichts meiner Vergangenheit.

Als ich mich zwischen den Stoßstangen hindurchzwängte, fiel mein Blick auf den Namen des Unternehmens, der seitlich auf dem gepanzerten Transporter stand. Zu einer anderen Zeit in meinem anderen Leben war ich einmal nach San Francisco gereist, um einen solchen Transporter dieses Unternehmens zu überfallen.

Ich grinste. Nach einer langen Reihe von schlechten Entscheidungen hatte ich die richtigen Lebensentscheidungen getroffen. Es hatte gedauert. Es gab viele Höhen und Tiefen, aber ich reagierte auf den Gongschlag, gestand mir meine Fehler ein. Ich beschloss, mich zu verändern und entdeckte meine Bestimmung.

Ich bin kein Neurowissenschaftler, aber es fühlte sich so an, als reagiere mein Gehirn auf diese Entscheidung und beginne, neue Zellen zu bilden oder Neuronen anders anzuordnen. Es fühlte sich so an, als würde ich vom Mafioso zum Autor konfiguriert. Ich bin auch kein Mystiker, aber ich versichere Ihnen, dass das Universum meiner Entscheidung folgte und sich alle richtigen Türen für mich öffneten.

Ich nahm die zufällige Begegnung mit dem gepanzerten Transporter als Zeichen der Zustimmung dieser geheimnisvollen Kräfte, von denen wir alle wissen, dass es sie gibt.

Als ich die Hotel-Lobby betrat, warf ich einen Blick zurück auf den Transporter und sagte: »Danke.« Sagte ich das zu mir selbst? Zu Gott? Zu den Menschen, die mir halfen? Ich weiß nicht genau.

Das Leben besteht aus einem Haufen Entscheidungen. Wenn der erste Haufen beschissen ist und Sie in eine Kloake führt, dann machen Sie neue Entscheidungen, bis Sie einen neuen, frischen Entscheidungshaufen zusammenhaben, der Sie an einen helleren Ort bringt. Alle Fehler, die Sie entlang des Wegs machen, waren keine Fehler, sondern Erfahrungen oder auch Lektionen. Wie dieses Buch beweist, können Sie jede letzte Erfahrung, die Sie gemacht haben – ob sie gut oder schlecht war –, dazu nutzen, herausragend in dem zu werden, was Ihre eigentliche Bestimmung ist.

> »Ich habe Männer umgebracht … beim Kartenspiel verloren … mich mit Schlampen ausgetobt und Männer betrogen. Lügen, Raub, alle Arten von Seitensprüngen, Alkoholräusche, Gewalt und Mord – all das habe ich auf dem Gewissen; nicht ein Verbrechen habe ich ausgelassen … so war mein Leben.«[82] Man würde vermuten, hierbei handele es sich um eine Beichte eines Mafia-Informanten und keinen Auszug aus *Meine Beichte*, der Autobiografie von Leo Tolstoi, dem berühmten Schriftsteller und Verfasser des Werkes *Krieg und Frieden*.

Wir sind alle aus der gleichen Wolle gestrickt.

Teil II:

Lektionen für einen *Capo*
(mittleres Management)

*»Bandenbosse sind keine großmäuligen Raufbolde mehr.
Sie sind clevere Manipulierer, die kaum anders handeln,
als Spitzenmanager und andere Führungspersönlichkeiten.«*
Justizminister Robert F. Kennedy

Lektion 31

Fetter Speck, Konsequenz und DeMeo: Sie sind für Ihr Team verantwortlich

Von Ende der 1970er-Jahre bis in die 1990er-Jahre leitete Roy De-Meo, Mitglied der Gambino-Familie, eine Mördertruppe in Brooklyn. Der Geruch von Blut erregte ihn sogar sexuell. Neben den von ihm verübten Mafia-Morden tötete DeMeo auch unschuldige Menschen und bewies damit, dass er ein gestörter Serienmörder war, der sich als Gangster verkleidete. Seine Vorgesetzten bei der Mafia, einschließlich seines Capos Nino Gaggi, sahen über seine psychopathische Veranlagung hinweg, weil er auch die Gabe besaß, die unerwünschten Probleme der Familie zu lösen.

Im Jahr 1977, als DeMeo gerade begonnen hatte zu wüten, machte er irgendein Geschäft mit gestohlenen Autos mit einem Ganoven namens John Quinn. Als Quinn gefasst wurde, beschloss er, die Seiten zu wechseln. DeMeo bekam Wind von Quinns Verrat und lud ihn zu einem Treffen in der Brooklyn Lounge ein, wo DeMeo und seine Truppe die meisten ihrer Opfer beseitigten.

Quinn kam in Begleitung seiner jugendlichen Freundin Cherie Golden in der Lounge an.

Während Golden in Quinns Auto wartete, ging Quinn in die Lounge und bekam eine Kugel in den Kopf. Drinnen zerlegten sie Quinns Leiche, während zwei von DeMeos Leuten auf Golden zugingen und begannen, mit ihr herumzualbern. Sie waren gekonnte Redner und Golden hatte keinen Grund, sich Sorgen zu machen – bis einer der Männer eine Pistole zog und ihr ins Gesicht schoss.

Der andere schubste ihre Leiche in den Fußraum unter dem Handschuhfach, so beiläufig, wie man eine leere McDonald's-Tüte vom Tablett in den Mülleimer fegt. Dann entledigten sie sich des Autos samt Leiche und kehrten in die Lounge zurück, um mitzuhelfen,

Quinns Leiche in ihre Bestandteile zu zerlegen. Das war ein ganz typischer Arbeitstag für DeMeo und seine Truppe.

Laut dem Regelbuch der Mafia ist die Ermordung eines Verräters wie Quinn Pflicht. Der neunzehnjährigen Freundin eines Verräters das Gesicht wegzuschießen, ist eine andere Geschichte. Die Mafia heißt ein derartiges Verhalten nicht gut.

Der Mord an Cherie Golden wurde zum Thema in den Zeitungen und Gambino-Boss Paul Castellano erfuhr, dass DeMeo dahintersteckte. Castellano bestellte DeMeos Capo, Nino Gaggi, ein und verlangte eine Erklärung.

Jeder Mann ist verantwortlich für seine eigenen Handlungen und die seines Teams, folglich würde Gaggi entweder DeMeo umbringen oder Castellano davon überzeugen müssen, dass der Mord an dem jungen Mädchen gerechtfertigt war. Gaggi machte gutes Geld mit DeMeo, daher beschloss er, sich für ihn einzusetzen.

Gaggi erzählte Castellano, Golden sei eine potenzielle Informantin gewesen, die in Quinns kriminelle Geschäfte eingeweiht gewesen sei, daher habe sie zum Schutz der Familie beseitigt werden müssen. Die großen Gewinne, die DeMeo scheffelte, gingen durch Gaggis Hände und flossen in Castellanos Tasche. Von diesem fetten Speck verführt, schluckte Castellano Gaggis lahme Ausrede und ließ Gaggi und DeMeo am Leben.

Ein guter Boss macht seine Capos für ihre eigenen Handlungen und die Handlungen ihrer Untergebenen verantwortlich. Castellano zog keinen der Beteiligten an dem Golden-Mord zur Rechenschaft. Dafür sollte er teuer bezahlen.

Kurze Zeit später verstrickten sich Gaggi und DeMeo in einer Anklage wegen illegaler Mafiageschäfte, bei denen auch Castellano mit ins Netz geriet. An diesem Punkt wurde Castellano wütend auf DeMeo und machte dessen Leichtsinn und Rücksichtslosigkeit für die Anklage verantwortlich. (Achten Sie darauf, dass Castellano nicht halb so erregt über DeMeos Leichtsinn war, als Cherie Golden das Opfer war). Auf Anordnung Castellanos wurde DeMeo umgebracht, aber es war zu spät. Der Schaden, den diese Geschichte Castellano zugefügt hatte, war nicht mehr gutzumachen.

Anders als Castellano kommandierte Joseph Massino, Boss der Bonanno-Familie, ein streng geführtes Schiff. Jeder Capo wurde für die Handlungen seiner Gruppe zur Rechenschaft gezogen. Punkt.

Ungefähr zu der Zeit, als DeMeo, Gaggi und Castellano über den Mord an einem jungen Mädchen augenzwinkernd hinweggingen, schlich sich der Undercoveragent Donnie Brasco in die Bonanno-Familie ein.

Der Film Donnie Brasco gewann zwar keinen Oscar, aber der echte Agent Joe Pistone hatte für sein Auftreten einen verdient. Mit perfekten Täuschungsmanövern gelang es Pistone, sich in ein Bonanno-Team einzuschleusen, das von Capo Dominick »Sonny Black« Napolitano geführt wurde.

Nach langen Ermittlungen wurde Pistones Identität absichtlich aufgedeckt. Die Mafioso der Bonanno-Familie, die Pistone fatalerweise in ihre Gruppe aufgenommen hatten, wussten, dass ihr Schicksal bei einem Familienoberhaupt wie Massino besiegelt war.

Der Erste, der den Weg zum Schafott antrat, war Anthony »Tough Tony« Mirra. Mirra war der Erste, der Pistone mitgebracht und jedem vorgestellt hatte. Zu Mirras Gunsten muss gesagt werden, dass er nicht zum Verräter wurde, obwohl er wusste, dass er bereits tot war. Mirra wurde von seinen beiden Familien umgebracht – der Bonnano-Familie, die seine Beseitigung anordnete, und seiner unmittelbaren Familie – seinem Onkel und seinem Neffen –, die den Auftrag ausführten.

Don Massino war damit allerdings noch nicht fertig.

Dominick »Sonny Black« war der Nächste. Napolitano hatte Pistone zwar nicht in die Gruppe gebracht; er war wie alle anderen getäuscht worden. Aber das war Massino egal. Napolitano war für sein Team verantwortlich, folglich musste er für alles, was unter seinem Kommando falsch lief, seinen Kopf hinhalten. Wie Mirra wusste Napolitano, dass seine Tage gezählt waren, aber er hielt ebenfalls seinen Mund. Er akzeptierte die Verantwortung für seine Leute und bezahlte für seinen Fehler mit dem Leben.

Massino sandte jedem, der versucht war, zu sagen: »Das war nicht meine Schuld« eine unmissverständliche Botschaft. Hätte Castellano genauso gehandelt, wäre er heute vielleicht noch am Leben. Castellanos Versäumnis, Regeln durchzusetzen, war ein Zeichen der Schwäche, das seine zukünftigen Mörder genau registrierten.

Castellano hätte Cherie Goldens Familie DeMeos Kopf vor die Tür legen sollen. Stattdessen drückte er beide Augen zu, hielt die Hand auf und nahm einen weiteren Umschlag entgegen. Bumm.

Wenn Sie für ein gutes Unternehmen arbeiten und einen cleveren, entschiedenen Chef haben, dann müssen Sie wissen, dass Sie für alles zur Verantwortung gezogen werden.

Während des Zweiten Weltkriegs hielt der britische Premierminister Winston Churchill Reden, in denen er Hitler und die Nazis als »Gangster« bezeichnete.

Hitler war wenig mehr als ein Mafiaboss, der das deutsche Volk mit Gewalt und Einschüchterung beherrschte. Er zwang den größten Teil Europas in die Unterwerfung und weigerte sich, die Kampfempfehlungen seiner kompetenten Feldmarschalle zu beachten. Als die Niederlage kurz bevorstand, verhielt sich Hitler wie ein Mafiaboss, der zu einer Ratte geworden war: Er gab allen anderen die Schuld an dem Desaster.

Nachdem Deutschland auf einen Trümmerhaufen reduziert worden war, hatte Hitler den Nerv zu behaupten, das deutsche Volk sei seiner Führung unwürdig und verdiene, was es bekomme. Das nenne ich leugnen.

Bevor er sich sein verqueres Hirn wegblies, hinterließ Hitler eine Abschiedsnotiz, in der er behauptete, er habe nie Krieg gewollt. Die Situation sei nicht seine Schuld. Wessen Schuld war es dann bitte?

Herausragende Männer übernehmen die Verantwortung für ihre eigenen Fehler und die Fehler, die ihre Untergebenen machen.

General Dwight D. Eisenhower, oberster Kommandeur der vereinigten Streitkräfte der Alliierten, wurde mit der Aufgabe betraut, den Boss der Nazi-Mafia zu erledigen.

Nur wenige Menschen wussten, dass Eisenhower eine Rede vorbereitete, in der er die volle Verantwortung für die Landung in der Normandie übernahm, falls diese Operation scheiterte. Jeder General unter Ikes Befehl hätte die ganze Sache vermasseln können, aber Ike wusste, dass er als oberster Kommandeur der Alliierten für seine sämtlichen Untergebenen verantwortlich war.

Die Operation war ein Erfolg, und der deutsche »Mafiaboss« wurde in die Knie gezwungen, was bedeutete, dass Ike seine Rede nicht halten musste.

Sieger übernehmen Verantwortung, lernen aus Fehlern und entwickeln sich weiter.

Verlierer ertrinken in ihren Leugnungsversuchen und gelegentlich in ihrem eigenen Blut – so wie Don Adolf Shitler.

Lektion 32

Wie Sie Ihr Ziel erreichen, ohne die Knarre zu ziehen: Mitarbeiter motivieren

Wenn US-Staatsanwälte einen Mafiafall verfolgen, bezeichnen sie den Führer einer Gruppe oft als »Mastermind« – eine Art Superhirn. Wenn man darüber nachdenkt, scheint diese Bezeichnung eher für jemanden wie Stephen Hawking angemessen, und nicht für einen Kriminellen. In gewisser Hinsicht ist diese Bezeichnung jedoch passend: Sie beschreibt das eine Gehirn, das in der Lage ist, alle anderen Gehirne zu beherrschen.

Wenn eine Gruppe von Mafiosi in einem Prozess verurteilt wird, erhält das Superhirn im Allgemeinen eine längere Strafe als seine Mitangeklagten, weil der Richter weiß, dass die anderen Verurteilten ihren Arsch kaum aus eigenem Antrieb bewegt hätten. Der Richter weiß auch, dass die meisten Menschen jemanden brauchen, der eine Idee hat, einen Plan erstellt und andere zur Umsetzung motiviert. Dieser jemand ist das »Mastermind«.

Bei meinem Prozess wurde ich von mehreren Staatsanwälten als »Mastermind« meiner Gruppe bezeichnet. Das stimmte. Ich hatte die Ideen, überzeugte meine Leute (was mich zu einem Spitzenverkäufer machte) und motivierte sie dann, an die Realisierbarkeit der Idee zu glauben.

Mit Erstaunen stellte ich fest, dass die Männer meiner Gruppe selten weiter dachten als an ihre Pläne fürs kommende Wochenende. Ohne eigene Visionen waren sie ziellos, auf Richtungsweisung angewiesen – wie loser Ton, der darauf wartet, in eine Form geknetet zu werden. Das mag Sie überraschen oder nicht, aber die Männer meiner Gruppe repräsentieren die Mehrheit der Arbeitnehmer weltweit. Es liegt an Ihnen, das »Mastermind« zu werden.

> *»Nur wenige Männer haben längerfristige Pläne. Sie leben planlos von der Hand in den Mund, wissen nie, was sie als Nächstes tun sollen und warten nach jeder erledigten Aufgabe auf neue Impulse von außen.«*[83]
> Ralph Waldo Emerson

Ob Mafia oder legale Welt, Menschen ohne Visionen glauben nicht an ihre eigenen Fähigkeiten, große Dinge zu erreichen. Im Wesentlichen fehlt ihnen der Glaube an sich selbst. Wenn sie jedoch an Sie glauben, weil Sie sich als Führer profiliert haben, dann können Sie ihnen ein starkes Vertrauensgefühl einflößen und sie mit den Worten »Wir können das!« motivieren.

Das Wort wir bietet anderen Menschen die Gelegenheit, sich an Ihre Rockschöße zu hängen und gemeinsam mit Ihnen, etwas zu erreichen. Wenn die an Sie glauben, glauben sie doch wohl auch an sich selbst.

Mit einer starken Führung und der richtigen Motivation können Sie eine Gruppe zusammenschweißen und Ihren eigenen Ein-Zylinder-Ehrgeiz in eine Zwölf-Zylinder-Lokomotive verwandeln, die jeden Berg erklimmt.

Lektion 33

Treffen wir uns im Hinterzimmer und reden wir darüber: Streit schlichten und die Kunst, Kompromisse zu schließen

Wer die Mafia nur aus den Medien kennt, kann sich wahrscheinlich nur schwer vorstellen, dass die Mafia große Anstrengungen unternimmt, um Gewalt zu vermeiden.

> *»Angelo [Bruno], der den Beinamen ›Docile Don‹ – der gutmütige Don – trug, hasste Gewalt und schätzte Verhandlung und Frieden über alles.«*[84]
> George Fresolone und Robert J. Wagman, *Blood Oath*

Das wichtigste Instrument der Mafia zur Beilegung von Auseinandersetzungen ist das »Schlichtungsgespräch«. Manchmal setzen sich zwei Männer vom selben Rang zusammen, um ihre Differenzen zu besprechen. Wenn sie zu keinem Kompromiss kommen, wird jemand, der in der Familie eine Autoritätsposition – ähnlich dem mittleren Management – bekleidet, den Vorsitz bei diesem Schlichtungsgespräch führen. Es gilt das Gesetz, dass die Entscheidung dieses Vermittlers endgültig ist.

Überraschenderweise sind die Verbrecher, die bei solchen Schlichtungsgesprächen als Vermittler auftreten, in ihrem Urteil vernünftig und gerecht. Aus diesem Grund haben sich die Schlichtungsgespräche bewährt und werden hoch geschätzt.

>*Zunächst lehnte das Kinn Cassos Standpunkt ab ... sie diskutierten hin und her. Am Ende akzeptierte das Kinn Cassos Urteil, weil seine Argumente gerecht und vernünftig waren.*<[85]

Philip Carlo, *Gaspipe*

Den ganzen Tag kommt es zwischen Mafiosi zu Zusammenstößen. Jeder Streit wird auf den Tisch gebracht – von einer gestohlenen Flasche Whisky bis zu Wertpapieren im Wert von einer Milliarde. Menschen streiten sich über alles Mögliche, vor allem, wenn es dabei um Geld geht.

Abgesehen von Geld werden in Schlichtungsgesprächen auch Auseinandersetzungen über die Reputation eines Mannes, Fragen des Respekts und sogar Gezänk zwischen den Frauen und Töchtern der Mafiosi beigelegt.

Stellen Sie sich eine Welt vor, in der sich die Menschen zusammensetzen und ihre Probleme ausdiskutieren und am selben Tag mit einer Lösung aus dem Gespräch gehen. Das ist die Welt der Mafia.

Die Mafia weiß, dass Groll von Wachstum ablenkt und schwelende Konflikte irgendwann überkochen. Nehmen Sie sich daran ein Beispiel und schlichten Sie Konflikte zwischen Mitarbeitern. Bringen Sie Ihre Leute dazu, dass sie über ihre Differenzen sprechen. Lösen Sie einen Streit, bevor er außer Kontrolle gerät. Sorgen Sie dafür, dass Sie jedes Mal gerechte und ehrliche Ratschläge erteilen. Lernen Sie von den unermüdlichen diplomatischen Anstrengungen der Mafia, die ihre schlagkräftigste Waffe ist.

>Was auch immer in der Vergangenheit passiert ist, ist vorbei. Zwischen uns herrschen keine negativen Gefühle mehr. Wenn du in unserem vergangenen Krieg jemanden verloren hast, dann musst du vergeben und vergessen.<[86]

Salvatore Maranzano nach dem Krieg von Castellammare*; zitiert von Joseph Valachi.

---

* Ein blutiger Machtkampf (1930-1931), der zwischen den etablierten Mafiafamilien in den USA und der Mafia sizilianischer Herkunft (aus dem Ort Castellammare del Golfo) ausgetragen wurde, und zwar überwiegend in New York (A.d.Ü.)

Lektion 34

Wann Sie sich vor Ihren Boss werfen müssen, um die Kugel abzufangen

Viele Mafiosi sind von ganzem Herzen vom Leben in der Mafia, der Befehlskette und der Parole »Lieber den Tod als die Ehre zu verlieren« – überzeugt und bereit, sich für das Wohl der Organisation zu opfern.

Andere Mafiosi mischen diese Ideologie mit Selbsterhalt und werfen sich nur dann vor ihren Boss, wenn sie davon langfristig profitieren.

»Das organisierte Verbrechen
ist ein nichtideologisches Unternehmen.«[87]
Howard Abadinsky

Letzteres ist das Beste und der einzig sinnvolle Ansatz in dieser Geschäftswelt.

Bevor Sie sich vor Ihren Boss werfen und die Kugel abfangen, denken Sie darüber nach, dass Sie für Ihre Opferbereitschaft möglicherweise nicht belohnt werden. Wie jeder andere auch hat Ihr Boss eine Geschichte. Steht er hinter seinen Mitarbeitern? Unterstützt er sie? Hat er den Rücken anderer benutzt, um seine Position zu erreichen?

Zu wissen, wie Ihr Boss diejenigen in der Vergangenheit behandelt hat, die für ihn Opfer erbracht haben, sollte Ihnen bei der Entscheidung helfen. Bevor Sie die Kugel auffangen, sollte es vielfältige Hinweise darauf geben, dass Ihr Opfer belohnt werden wird. Kurzum: Wägen Sie die langfristigen Vorteile gegenüber dem kurzfristigen Opfer ab.

Lektion 35

Warum Auftragsmörder Witze über Leichen reißen: Stellen Sie eine Bindung zu Ihren Untergebenen her

Im Jahr 1981 holten die Bonanno-Sgarriste Frank Lino und Stefano »Stevie Beef« Canone ihren Capo »Sonny Black« Napolitano ab und fuhren ihn zu einem Haus, in dem er umgebracht werden sollte.

Als die drei Männer die Veranda betraten, öffnete Frank Coppa die Tür und dirigierte sie in den Keller, in dem unten bereits Robert Lino sen. und Ronald »Monkey Man« Filocomo auf der Lauer lagen.

Napolitano wurde die Treppe hinuntergeworfen und erschossen.

Draußen vor dem Haus warteten Joseph Massino, Salvatore Vitale und George Sciascia in einem geparkten Auto als Ersatzschützen, falls irgendetwas schieflaufen sollte. Mehrere andere Mafiosi holten Napolitanos Leiche ab und entsorgten sie.

Ein Dutzend Männer, um einen einzigen Mann zu töten. Warum wurde aus diesem simplen Mord eine Familienaffäre? Jeder taucht seine Hände in Blut.

> *»Bei allen illegalen Unternehmungen, seien sie krimineller oder politischer Natur, wird die Gruppe zu ihrer eigenen Sicherheit verlangen, dass jedes Mitglied eine unwiderrufliche Handlung begeht, mit der die Brücken für eine Rückkehr in die Gesellschaft abgebrochen werden, bevor dieses Mitglied in die Gemeinschaft der Gewalt aufgenommen wird.«*[88]
> Hannah Arendt, *Über das Böse*

Die Mafia verfügt über viele Möglichkeiten, um Bindungen herzustellen, die nicht immer mit Töten zu tun haben. Zu den alltäglichen Bindungsritualen gehören Poker, Boccia, Baseball und gemeinsame

Urlaube. Manhattans San-Gennaro-Fest* ist eine Art Mafia-Picknick. Die Mafia ist eine Familie – eine Familie, die zusammen spielt und zusammenhält.

Geschäftsleute nutzen ebenfalls das Spiel, um Bindungen herzustellen. Ein zweisitziger Golfcart ist das perfekte Vehikel, um Bindungen herzustellen. Verträge werden im Büro unterschrieben, aber Geschäfte werden auf dem Golfplatz ausgeheckt.

Mein Freund Tony Licatesi besitzt eine große Anwaltsfirma. Er nimmt seine Kunden zu den Basketballspielen der Yankees mit. Abgesehen davon, dass er sie mit VIP-Plätzen beeindruckt, kann er sie drei Stunden lang bearbeiten. Ob die Yanks gewinnen oder verlieren, Tony geht immer als Sieger aus dem Stadion.

Ein anderer Freund von mir veranstaltet wöchentliche Kartenabende in seinem Haus, so wie wir das in der Mafia gemacht haben. Essen, Trinken, Witze und Gelächter – eine großartige Methode, um Bindungen herzustellen.

Die Wahrheit lautet, dass Erwachsene genauso gerne spielen wie Kinder, wobei die Bindung bei Erwachsenen eher über gemeinsame Interessen als über Freundschaft entsteht.

In einer entspannten Atmosphäre vergessen wir unsere Vorsicht und erkennen, wie viel wir mit anderen gemeinsam haben. Selbstverständlich ist professionelles Verhalten am Arbeitsplatz unerlässlich, aber wenn Sie die Beziehung zu Ihren Kollegen festigen, ist das gut für den Erfolg. Es lässt sich einfach leichter mit Menschen arbeiten, mit denen wir uns gut verstehen. Indem wir eine Bindung herstellen, entdecken wir gemeinsamen Grund.

> *An jenem Tag waren Tony und ich keine Gangster, Diebe, Kredithaie oder Vollstrecker, sondern einfach nur Freunde. Wir liebten unsere Familie, wir liebten die Idee der Loyalität und wir liebten uns*

---

* Das »Festa di San Gennaro« ist ein Fest, das am 19. September in Neapel zu Ehren des Schutzpatrons der Stadt gefeiert wird. Im Zuge der massiven Immigration von Italienern in die USA gelangte diese Tradition auch nach Amerika und wird am selben Tag in Little Italy in New York mit Musik und Straßenständen gefeiert. (A.d.Ü)

> *gegenseitig. Die Straße, die ganze Mafiasache, verlieh uns das Gefühl*
> *von Ehre und Kameraderie, das wir beide brauchten.«*[89]
> Louis Ferrante, *Unlocked*

Lektion 36

Nino Gaggis magische Kugel:
Die Mafia killt niemals eine gute Idee

Gambino-Capo Nino Gaggi hatte einen Streit mit einem anderen Mafioso der Familie. Weil dieser zuvor gegen Mafiaregeln verstoßen hatte und der Boss ihn bereits auf der schwarzen Liste hatte, wurde auf ein Schlichtungsgespräch verzichtet und Gaggi erhielt von seinem Don die direkte Erlaubnis, ihn umzulegen.

Gaggi bereitete alles vor, aber die Sache verlief nicht wie geplant. Die zwei fuhren zur Ausfallstraße Belt Parkway, als der andere Mafioso plötzlich erkannte, dass er zu seiner eigenen Hinrichtung gefahren wurde, und nicht zu einer Besprechung, wie Gaggi behauptet hatte. Er versuchte, Gaggi zum Anhalten zu zwingen. Anstatt die Sache abzublasen, erschoss ihn Gaggi an Ort und Stelle. Während Motorradfahrer vorbeifuhren, stieg Gaggi aus dem am Straßenrand geparkten Auto aus, ging weg und ließ die Leiche einfach im Auto liegen.

Ein junger Motorradfahrer, der das Ganze beobachtet hatte, nahm die nächste Ausfahrt und hielt ein Taxi an, in der Hoffnung, per Taxifunk Hilfe herbeirufen zu können. Wie es der Zufall wollte, war der Taxifahrer ein bewaffneter Polizist außerhalb seiner Dienstzeit, der nachts nebenbei Taxi fuhr.

Der Polizist fuhr in der Gegend herum, bis er den Mann fand, der auf Gaggis Beschreibung passte, samt blutiger Klamotten. Er zog seine Pistole und wies sich als Polizist aus. Wie bereits deutlich geworden sein sollte, mochte es Gaggi nicht, wenn ihm irgendjemand in die Quere kam. Er schoss dreimal auf den Polizisten, traf aber nicht – möglicherweise, weil er daran gewöhnt war, Leute aus allernächster Nähe zu erschießen. Der Polizist erwiderte das Feuer und streckte Gaggi mit einer Kugel in den Nacken nieder.

Nach einem Ausflug ins Coney Island Hospital wurde Gaggi wegen Mordes angeklagt und nach Rikers Island gebracht. Es sah ganz so aus, als sei Gaggis Schicksal besiegelt.

Zwar waren Gaggis Männer nicht gerade Akademiker, aber sie kamen auf eine Menge kreativer Ideen, wie sie ihn aus der alcatraz-ähnlichen Festung befreien konnten.

»Wir besorgen Taucherausrüstungen, schleichen uns auf Rikers Island ein und nehmen das Krankenhaus mit Waffengewalt ein«, lautete eine Idee, die kurz zur Diskussion stand.[90] Stellen Sie sich eine Gruppe übergewichtiger Mafiosi in Taucheranzüge eingezwängt, mit Seidensocken und Schwimmflossen vor, die an aufgeweichten Zigarren saugen. Ich bin nicht sicher, ob Gaggis Männer das gleiche lächerliche Bild sahen, das ich im Geiste sah, aber schließlich verwarfen sie die Idee.

Nachdem sie einige andere halbgare Pläne erwogen hatten, beschlossen sie, die Kugel in Gaggis Nacken gegen eine andere auszutauschen. Die ballistischen Untersuchungen würden später ergeben, dass es nicht die Kugel des Polizisten gewesen war, die Gaggi getroffen hatte. Wenn der Polizist als Schütze ausschied, konnte Gaggi behaupten, er sei in den Nacken geschossen worden, bevor der Polizist überhaupt auf ihn geschossen habe. Dann könnte er sagen, wer auch immer auf ihn geschossen habe, müsse auch den Mann im Auto getötet haben. Vor Gericht würde Gaggi sich als armes Opfer darstellen, das einfach glücklich war, mit dem Leben davongekommen zu sein.

Diese Idee mit der magischen Kugel mag lächerlich erscheinen, aber wenn Sie die Beweise studieren, die dem Ausschuss präsentiert wurden, der zum Beispiel die Ermordung von John F. Kennedy untersuchte, kann ich Ihnen versichern, dass Gaggis magische Kugel weitaus weniger magisch, um nicht zu sagen obskurer war, als die, die Kennedy traf.

Gaggis Männer schmuggelten ihre magische Kugel in den Besuchsraum des Gefängnisses ein, eingewickelt in ein Kondom. So übergaben sie die magische Kugel an Gaggi. Alles, was wir tun, hat auch eine komische Seite.

Zurück in seiner Zelle kratzte Gaggi an der Kugel in seinem Nacken. Sie platzte heraus wie ein eitriger Pickel und Gaggi spülte sie in der Toilette herunter. Anschließend rief er den Gefängniswärter und gab ihm die magische Kugel, mit der Behauptung, sie sei soeben aus seinem Nacken gefallen.

Wie sich herausstellte, war das Verteidigungsargument der »magischen Kugel« beim Prozess gar nicht nötig. Ein junges, weibliches Jury-Mitglied stand kurz vor der Hochzeit mit einem Typen, dessen Vater ein Kunde von Gaggis Kreditwuchergeschäften war. Ein paar raue Telefonate später war die Sache erledigt. Gaggi wurde freigesprochen.

(Achten Sie auf die zuvor besprochene Macht der Netzwerkarbeit; es kommt nur darauf an, wen Sie kennen.)

Bis zu Gaggis Freispruch wälzten er und seine Truppe jede Idee, um Gaggi zu befreien, egal wie blödsinnig sie war. Die erfolgreichsten Mafiosi arbeiten mit Ideen statt mit Produkten. Jedes große Vorhaben oder Verbrechen, das die Mafia je beging, beginnt mit diesen vier einfachen Worten: »Ich habe eine Idee.« Das ist der meistzitierte Satz, den ich je in der Mafia gehört habe, und er bringt jeden dazu, augenblicklich einzuhalten und zuzuhören.

Während des zweiten Colombo-Kriegs – ein jahrelanger Machtkampf innerhalb der gleichnamigen Familie –, versuchte ein alter, kranker Capo, Gregory Scarpa Sen. erfolglos, eine Sitzung mit den Führern der Gegenseite einzuberufen.

Scarpas Plan lautete, sich von einem rangniedrigen Mafioso im Rollstuhl mit einer Decke über den Schoß gebreitet in den Besprechungsraum schieben zu lassen. Unter der Decke wollte er zwei Maschinenpistolen verstecken, mit denen er seine Gegner zu Hackfleisch verarbeiten wollte.

Zwar war Scarpa dem äußeren Anschein nach ein alter, kranker Mann in einem Rollstuhl, aber er war durchaus in der Lage, Ihr Blut mit denselben Zähnen auszusaugen, die er nachts in einem Glas aufbewahrte. (Respektieren Sie ältere Menschen, aber vergessen Sie nie, dass selbst der älteste, abgetakeltste Löwe im Dschungel Sie immer noch zum Frühstück verspeisen kann.)

Eine andere Schwachsinnsidee, die während desselben Colombo-Kriegs kursierte, stammte von zwei Gangstern, die nicht in der Lage waren, ihr Mordopfer zu erledigen. Sie planten, einen Hubschrauber zu entführen und dem Piloten anschließend zu befehlen, von einem Schrottplatz einen magnetischen Autoheber zu stehlen. Mit diesem Magneten, der am Hubschrauber befestigt werden sollte, wollten sie das Auto ihrer Zielperson in die Luft heben, während dieses auf dem Belt Parkway fuhr. Ich hätte das nicht geglaubt, wenn ich das Gespräch nicht tatsächlich angehört hätte, das abgehört, aufgezeichnet und in ihrem Prozess als Beweismittel verwendet wurde. (Das Band hätte dazu verwendet werden sollen, sie ins Irrenhaus zu verbannen.)

So verrückt, wie diese Ideen auch klingen mögen, einige der Ideen, die während des Ersten und Zweiten Weltkriegs vorgeschlagen wurden, waren genauso absurd. Die wenigen Ideen, die umgesetzt wurden, entschieden jedoch über den Ausgang beider Kriege.

Im Ersten Weltkrieg schlug Ernest Swinton vor, man solle Dampfzüge mit Panzerhüllen ausrüsten, die Maschinengewehr- und Artilleriefeuer standhielten. Diese Fahrzeuge sollten dann in die feindlichen Linien fahren. Viele lachten über diesen Vorschlag, aber er inspirierte zum Bau moderner Panzerfahrzeuge – eine entscheidende Waffe in fast jedem Krieg, der seitdem geführt wurde. Während des Zweiten Weltkriegs hielten viele die Entwicklung einer Atomwaffe zunächst für eine lächerliche Idee. Am Ende machte sie dem Krieg im Pazifik ein Ende.

Ob die Alliierten oder die Colombo-Familie, Soldaten und Kommandeure – diejenigen, die die seltene Fähigkeit besaßen, außerhalb eingefahrener Bahnen zu denken, entwickelten oft großartige Ideen, die das Pendel zu ihren Gunsten ausschlagen ließ.

Denken Sie nach. Ermutigen Sie andere zum Nachdenken. Und vergessen Sie nicht, dass selbst die einfachste Idee die Art und Weise verändern kann, wie wir unsere Geschäfte betreiben. Einige haben die Welt verändert. Wer öffnete mehr Türen als der Erfinder der Scharniere?

> Als meine Leute und ich Zielschießen übten, prahlten wir mit unserer Treffsicherheit und sagten manchmal: »Ich kann dir einen Apfel vom Kopf schießen.« Glücklicherweise haben wir es nie versucht.
>
> Damals kannte ich den Ursprung dieses Zitats nicht. Später, nachdem ich ein eifriger Bücherwurm geworden war, las ich die Geschichte von Wilhelm Tell, der seinem Sohn tatsächlich einen Apfel vom Kopf schoss.
>
> Friedrich Schiller schrieb diese berühmte Geschichte, aber er hatte auch die Idee, die Legende, von einem anderen Schriftsteller namens Goethe zu transkribieren, der ebenfalls ein ideenreicher Mann war.
>
> Eines Tages gingen Goethe und Beethoven, ein weiterer ideenreicher Mann, durch die Straßen spazieren. Die beiden Ideengeber kreuzten den Weg der Kaiserin und einiger Grafen. Goethe nahm seinen Hut ab und machte einen Schritt zur Seite, um der königlichen Hoheit den Vortritt zu lassen. Beethoven ging mitten durch die Gruppe und weigerte sich, auch nur einen Zentimeter zurückzuweichen.
>
> Anschließend sagte Beethoven zu Goethe: »Von denen gibt's viele, aber von uns gibt es nur zwei. Sollen sie doch Platz machen.«
>
> Goethe musste von Beethoven daran erinnert werden, dass ideenreiche Männer selten sind, noch seltener als königliche Hoheiten.

Lektion 37

Hochgeworfen sei der Würfel: Wie Sie mit unzumutbaren Ultimaten umgehen

Als Cäsar sich auf dem Schlachtfeld als herausragender General erwies, stellten ihm die Senatoren in Rom, die auf seinen Ruhm und seinen Erfolg eifersüchtig waren, ein Ultimatum: »Legt Euer Kommando nieder und kehrt nach Rom zurück, um für die Konsequenzen zu bezahlen.«

Cäsar wusste, dass dies ein unzumutbares Ultimatum war. Widersetzte er sich, würde er als Verräter gelten und zum Tode verurteilt werden. Kehrte er nach Rom zurück, würde der Senat ihn ebenfalls beseitigen. Er beschloss, die Sache auszufechten.

»Hochgeworfen sei der Würfel«*, sagte Cäsar laut Plutarch, bevor er auf seinem Weg zurück nach Rom den Rubikon überquerte. Cäsar ritt mit seiner Armee in Rom ein, löste den Senat auf und stürzte die Republik.

Cäsar pokerte hoch. Doch was in einem Desaster hätte enden können, wurde zu seinem bis dahin größten Triumph. Später wurde er zwar dennoch ermordet, aber aus anderen Gründen.

Als John Gotti noch Capo war, gehörten sein Bruder Gene und sein enger Freund Angelo Ruggiero zu seinen Leuten. Die Behörden hatten ein Telefonat zwischen Gene und Angelo aufgezeichnet, in dem die beiden ein Drogengeschäft abgeschlossen hatten. Abgesehen von den rechtlichen Konsequenzen hatten Gene und Angelo nun auch ein Problem mit der Gambino-Familie, da Drogenhandel verboten war. Kopien der Bänder wurden Gene und Angelo als Beweismittel für ihren bevorstehenden Prozess zur Verfügung gestellt. Gambino-Boss Paul Castellano verlangte von Gotti, sich die Bänder zu besorgen und sie ihm auszuhändigen, damit er sie abhören und sich ein Urteil bilden könne.

---

* Im Deutschen gebräuchlicher ist die Redewendung „Die Würfel sind gefallen». Plutarch verwendete jedoch diese Formulierung. (Anm. der Red.)

129

Gotti stand vor einem unzumutbaren Ultimatum: Sich dem Verlangen seines Bosses zu widersetzen und wegen mangelnden Gehorsams umgebracht zu werden, oder ihm die Bänder auszuhändigen, mit der Konsequenz, dass sein Bruder und sein Freund umgebracht würden.

Was würden Sie tun?

Gotti nahm sich an Cäsar ein Beispiel und »warf die Würfel hoch«.

Ruckzuck plante und führte er den Coup des Jahrhunderts durch. In einer Nacht köpfte Gotti die Gambino-Familie und tötete den Boss und dessen Underboss in einem wahren Kugelhagel.

Niemand setzt gerne sein Leben aufs Spiel. Aber wenn Sie am Arbeitsplatz oder in einem anderen Lebensbereich mit einem unzumutbaren Ultimatum konfrontiert sind, dann bleibt Ihnen manchmal nichts anderes übrig, als viel zu riskieren, »die Würfel hochzuwerfen« und zu sehen, wo sie landen.

Wenn Sie ein guter Mensch sind, dann bedeutet der Verlust eines Jobs üblicherweise, dass ein besserer auf Sie wartet. Wenn Sie wenig Vertrauen in das Schicksal haben, dann mag Ihnen das ungeheuerlich erscheinen. Ich versichere Ihnen, jeder hat ein Schicksal. Lassen Sie nicht zu, dass sich Feigheit Ihrem Schicksal in die Quere stellt.

Machen Sie es wie Cäsar und Gotti: Werfen Sie die Würfel hoch.

Lektion 38

Wie Sie eine Axt begraben – aber nicht in irgendjemandes Kopf

Einige der besten Partner in der organisierten Kriminalität waren am Anfang Feinde.

Salvatore Lucania, später bekannt als »Lucky« Luciano, war noch ein Jugendlicher, als er in Manhattan in die Schutzgelderpressung einstieg. Luciano und seine Gang bedrohten und schlugen andere Jugendliche zusammen, falls diese ihnen nicht jede Woche ein Schutzgeld zahlten.

Eines Tages kämpfte sich ein kleiner, jüdischer Junge namens Meyer durch die verschneite Hester Street, als er von Luciano und seiner bedrohlichen Gang umzingelt wurde. Meyer wurden Schläge angedroht, falls er Lucianos Bedingungen nicht zustimmte. Meyer sagte Luciano und seinen Jungs, sie sollten sich zum Teufel scheren.

Mit dieser Provokation riskierte Meyer, die Hester Street auf einer Bahre zu verlassen. Stattdessen war Luciano clever genug zu erkennen, dass ein Bündnis mit diesem mutigen Jungen für ihn selbst von Vorteil sein konnte. Luciano streckte Meyer seine Hand hin. Meyer schlug ein, und das war der Beginn der größten Partnerschaft in der organisierten Kriminalität. Über Jahrzehnte beherrschten diese beiden jungen Männer alle illegalen Geschäfte.

Weniger noble Männer hätten sich geprügelt und sich gegenseitig für den Rest des Lebens verflucht und beschimpft.

Carlos Marcello, Mafiaboss von Louisiana, wurde wegen Geschwindigkeitsübertretung an den Straßenrand gewunken. Ein heißsporniger Polizist fuchtelte mit einer Pistole vor seinem Gesicht herum. Damals hatte Marcello großen Einfluss auf zahlreiche Politiker in Louisiana und hätte diesen Polizisten nach Alaska strafversetzen lassen können. Außerdem hätte er die Stadt wegen Nötigung verklagen können.

Nur kleinkarierte Männer geben sich jedoch mit einer trivialen Befriedigung ab. Marcello, ein großer Mann in einem kleinen Körper, fuhr am nächsten Tag bei der Polizeidienststelle vorbei und schenkte dem Polizisten ein goldenes Feuerzeug in Form einer Pistole.

»Hier«, sagte Marcello. »Sie fuchteln doch so gerne mit Ihrer Pistole herum.«[91]

Damit war der heißspornige Polizist kompromittiert und Marcello konnte sich seinem Vorhaben widmen, ein Geschäftsimperium aufzubauen.

Im Geschäfts- wie im sonstigen Leben ist es wichtig, aus Feinden Freunde zu machen. Selbst verbitterte Feinde können ihre Konflikte lösen und gemeinsam prosperieren.

> *» [Hymie] Weiss, der eindeutig klüger ist,*
> *erkennt über seinen eigenen Heißsporn hinaus*
> *den geschäftlichen Wert des Vergebens und Vergessens. «*[92]
> Robert J. Schoenberg, *Mr. Capone*

Ein echter Feind muss besiegt werden. Aber echte Feinde gibt es – wenn überhaupt – nur wenige. Üblicherweise ist es eine Frage des starrköpfigen Stolzes und der mangelnden Kompromissbereitschaft.

Der amerikanische Bürgerkrieg forderte mehr als 600.000 Menschenleben, spaltete das Land, ganze Bundesstaaten genauso wie Familien.

Nach dem Sieg der Union wurde den Konföderierten ein »Generalpardon« gewährt.

Aufgrund dieses Pardons waren die Erzfeinde aus dem Norden und dem Süden der USA in der Lage zusammenzuarbeiten und ein neues Land zu gründen, das weniger als 50 Jahre später so attraktiv war, dass es scharenweise europäische Immigranten anzog.

Zwei solcher Immigranten, die ungefähr zu dieser Zeit in New York ankamen, waren Salvatore Lucania und Meyer Lansky. Ihr Kompromiss war für die Unterwelt von so herausragender Bedeutung wie der nationale Kompromiss für die legale Welt.

Lektion 39

Schaffen Sie diesen Stein von meinem Fuß: Feuern und heuern

Der Titel dieses Kapitels geht auf ein altes, sizilianisches Sprichwort zurück, das sich ungefähr folgendermaßen übersetzen lässt: »Schaff mir diese Nervensäge vom Hals.« Wenn ein Mafiaboss das sagt, fällt für den Betroffenen der Vorhang. Der Boss lässt aber nicht jeden umbringen, der Mist gemacht hat. Manchmal werden Mafiosi auch mit einem »Bann« belegt. Wenn der Boss jemanden verbannt, ist das wie eine päpstliche Exkommunizierung. Niemand darf mit dem Betroffenen noch irgendetwas zu tun haben. Er hat seine Autorität verloren und kann keinen Cent Geld mehr verdienen.

Gambino-Mitglied Carmine Lombardozzi war ein Wilder, den seine Familie kaum kontrollieren konnte. Einmal schlug Lombardozzi einen Polizisten ins Gesicht. Ein anderes Mal griff er einen FBI-Agenten an, der bei der Beerdigung seines Vaters herumschnüffelte.

Lombardozzis Wut mag in jedem einzelnen Fall gerechtfertigt gewesen sein, aber die Familie erlaubt ihren Mitgliedern nicht, Polizisten und andere Gesetzesvertreter anzugreifen, weil das nur Probleme schafft. Sein Don verbannte ihn beziehungsweise schob er ihn aufs »Abstellgleis« ab, was so viel bedeutet, dass er gefeuert war.

> *»Ein Ehrenwertes Mitglied kann aus Gründen verstoßen werden, die mit der Familie zu tun haben, zu der er gehört, oder der Mafiaorganisation als Ganzes. Es gilt als sehr schweres Vergehen, wenn ein Ehrenwertes Mitglied weiterhin mit einem Mitglied Geschäfte macht oder auch nur spricht, das wegen Unwürdigkeit ausgestoßen wurde.«*[93]
> Tim Shawcross und Martin Young, *Mafia Wars*

Ein Mafioso, der verbannt wurde, kann wieder integriert werden, wenn es ihm gelingt, seinen Don davon zu überzeugen, dass er eine zweite Chance verdient hat. Am Ende galt das auch für Lombardozzi. Eine Zeit lang verhielt er sich still, bis sich der Ärger der Familie gelegt hatte. Dann ging er auf seinen Boss zu, entschuldigte sich aufrichtig und versprach, sich fortan an alle Regeln zu halten.

Nach seiner Reintegration riss sich Lombardozzi für die Familie den Arsch auf, dehnte den Einflussbereich der Gambino-Familie am Aktienmarkt aus und wurde als »König der Wall Street« bekannt.

> *»Die wildesten Fohlen werden die besten Pferde.«*[94]
> Plutarch, *Life of Thermistocles*

Nach seiner Reintegration erwies sich Lombardozzi als wesentlich wertvoller als zuvor, wobei alles, was sein Don je gewollt hatte, ein wenig mehr Disziplin war.

Manchmal müssen Sie jemanden verbannen oder feuern. Das ist rein geschäftlich, oder? Überlegen Sie sich jedoch, ob Sie den ehemaligen Mitarbeiter eventuell zurücknehmen, falls das für Ihr Geschäft von Vorteil ist. Erhält der Betreffende eine zweite Chance, könnte er möglicherweise doppelt so viel leisten, wie vorher. Die Mafia macht das, warum sollten Sie es nicht auch tun?

Im 11. Jahrhundert hatte König Heinrich IV. von Speyer einige disziplinarische Probleme im Stile Lombardozzis. Als Folge wurde er von Papst Gregor VII. exkommuniziert und mit dem Kirchenbann belegt.

Heinrich, der über diese Verbannung unglücklich war, bat bei seinem Boss, dem Papst, um eine Audienz.

Mitten im tiefsten Winter machte sich Heinrich mit der Königin und seinem kleinen Sohn auf, zu Fuß und auf Rinderhäuten rutschend, die Alpen zu überqueren.

Endlich erreichte Heinrich die Burg von Canossa, hinter deren Mauern der Papst bequem residierte und seine Füße in Pantoffeln an einem Feuer wärmte, während er an einem Lammkotelett nagte.

Heinrich, der nichts als ein Hemd am Leibe trug, stand barfuß im Schnee und fror sich drei Tage lang den Hintern ab, bevor der Papst ans Burgtor kam.

Gerührt von Heinrichs aufrichtiger Entschuldigung hob der Papst den Kirchenbann auf (das heißt, er gab Heinrich Macht und Handlungsfreiheit zurück), ließ einen Furz und knallte das Tor zu.

Wenn Sie Mist gemacht und das erkannt haben, ist es in Ordnung, darum zu bitten, dass Sie Ihren Job zurückbekommen. Lombardozzi tat das, und ein König hat das auch getan. Übertreiben Sie es aber nicht so wie Heinrich, sonst landen Sie am Ende im Irrenhaus – oder bei der Mafia im Kofferraum.

Auch wenn Sie in der Position sind, dass Sie Papst oder Don spielen können, sollten Sie über eine Entschuldigung nachdenken. Wir machen alle Fehler.

Lektion 40

Die härtesten Jungs sind am dünnhäutigsten: Bringen Sie niemals irgendjemanden öffentlich in Verlegenheit

Während meiner Lehrjahre in der Mafia war ich äußerst ehrgeizig, hatte aber keine Erfahrung. Wenn ich einen Fehler machte, hatte ich das Glück, von Veteranen umgeben zu sein, die genug wussten, um mir im Privaten die Leviten zu lesen. Sie stellten mich nie vor anderen bloß. Ich konnte meine Lektionen lernen, ohne mich dabei in Grund und Boden schämen zu müssen.

Trotz meines italienischen Machoverhaltens, meiner Mafia-Überheblichkeit und meines Naopoleon-Komplexes war ich immer offen für Ratschläge, Korrektur oder Kritik – so lange das mit Takt geschah. Hätte jemand meine Fehler vor Dritten öffentlich kritisiert, wäre ich wütend gewesen und hätte mich beschämt gefühlt, und – noch wichtiger – ich hätte den guten Rat in die Luft geschlagen, da ich nicht über meine Gefühle hinaus hätte denken können.

Mafiosi haben Gefühle, wie alle anderen auch. Tatsächlich sind einige richtiggehende Mimosen. Ich war auf enger Tuchfühlung mit Killern, und die sind von allen am dünnhäutigsten. Sie verstecken ihre Sensibilität nur hinter der Maske des hartgesottenen Typen. Aus diesem Grund kann die Reaktion eines eiskalten Killers selbst auf eine geringfügige Beleidigung tödlich sein. Wenn man darüber Bescheid weiß, können ihre Bosse sie im Privaten korrigieren, aber sie werden sie nie öffentlich bloßstellen.

Mitarbeiter sind keine mimosenhaften Auftragsmörder, aber sie können trotzdem wütend werden, sich beschämt fühlen oder einen anhaltenden Groll hegen.

Wenn jemand einen Fehler macht, korrigieren Sie ihn unter vier Augen.

Lektion 41

Die Mafia wird nicht gelb, sondern grün: Gehen Sie mit der Zeit

1994 kam ich ins Gefängnis und wurde 2003 entlassen. Während ich eingelocht war, begannen Milliarden von Menschen, Mobiltelefone, iPods und das Internet zu benutzen. Als ich rauskam, verstand ich zunächst überhaupt nichts von der neuesten Technologie. Schließlich war ich neun Jahre lang eingebuchtet gewesen.

Zwar ging ich nicht in mein altes Leben zurück, aber ich traf hin und wieder Mafiosi. Einmal begegnete ich bei Starbucks einen ehemaligen Kollegen, der bei einer Latte an seinem Laptop arbeitete. Ich nahm an, dass er wie ich der Mafia den Rücken gekehrt habe. Das war jedoch keineswegs der Fall. Er fragte mich, ob ich eine Sportwette abschließen wolle. Ich sagte Nein und nippte an meinem Kaffee, während er einige Zahlen in sein Bluetooth-Headset ratterte, einige Computertasten drückte und ein externes Laufwerk entfernte.

»Du bist echt auf dem Laufenden«, sagte ich.

»Offshore-Zocken«, erwiderte er. »Ich habe 40 Leute, die in Zentralamerika für mich arbeiten, dabei bin ich noch nie dort gewesen. Auf diesem Laufwerk – «, er hielt das flache Gerät in die Luft, » … sind eine Million Dollar in Aktion gespeichert. Und das lässt sich überall verstecken.« Mit diesen Worten steckte er es in seine Socken.

Ich bin immer wieder über die neuesten technologischen Fortschritte erstaunt. Was mich nicht erstaunt, ist, dass die Mafia mit der Zeit geht.

In seinem Buch *My FBI* schreibt der ehemalige Top-FBI-Agent Louis Freeh, »Japanische Verbrecherkartelle haben sich russischer Hacker bedient, um sich in die polizeilichen Datenbanken einzuschleusen, damit sie alle Anstrengungen, die zu ihrer Bekämpfung unternommen werden, überwachen können. In Italien hat sich die Mafia in das Computersystem einer Bank eingehackt und mehr als 100 Millionen Dollar an EU-Geldern auf Mafiakonten umgeleitet. Zwei Jahre vor seiner Wahl zum Bürgermeister von New York versuchten zwei Typen aus Kasachstan, Geld von Michael Bloomberg zu erpressen, indem sie ihm drohten, Sicherheitslöcher in seinem Online-Finanznachrichtenservice zu veröffentlichen.«[95]

> *»Es ist keine Überraschung, dass die sizilianische Mafia profitable Geschäftsfelder wie Wind- und Solarenergie infiltriert.«*
> Francesco Messineo, Richter in Palermo,
> bei einer Nachrichtenkonferenz

Bei einer Durchsuchung im Hause der Colombo-Familie von Don »Allie Boy« Persico konfiszierten FBI-Agenten Computerlaufwerke, auf denen Kreditwuchergeschäfte abgespeichert waren.

Die Bonanno-Familie engagierte einen ultramodernen Ganoven, »Tommy Computer«, der ihre Gesellschaftsklubs regelmäßig auf Wanzen absuchte.

Andere topmoderne Mafiosi schlossen sich der technologischen Revolution an, erkannten das Gewinnpotenzial dieses Geschäftsfelds und wechselten ins legale Geschäft. Derzeit residieren sie in großen Anwesen mit Blick aufs Meer und ohne Sorge, sie könnten ihre Villen an die Steuerbehörden verlieren.

Jeden Tag tauchen neue Ideen auf, und mit ihnen entstehen neue Millionäre. Schlaue Mafiosi bleiben immer an der Spitze, und damit meine ich nicht nur scharfe Messerspitzen.

Gehen Sie mit der Zeit.

Lektion 42

Auffälliger Glanz kann im Feuerschein eines Pistolenlaufs enden: Bescheidenheit

Al Capone und John Gotti ergriffen beide die Kontrolle ihrer jeweiligen Mafiafamilie, landeten im Kamerascheinwerferlicht, liebten die Aufmerksamkeit und begannen, sich im grellen Licht der Öffentlichkeit zu sonnen. Andere Mafiosi lachten sie hinter ihrem Rücken aus. Einige versuchten, sie umzubringen, dennoch gelang es sowohl Capone als auch Gotti, eines natürlichen Todes zu sterben. Andere öffentlichkeitsgeile Mafiosi hatten nicht so viel Glück.

Colombo-Capo William Cutolo trug den Spitznamen »Wild Bill«, nach Amerikas legendärem Revolverhelden Wild Bill Hickok. »Wild Bill« Cutolo hielt sich ebenfalls für eine Legende und begann, den berühmten Revolverhelden zu imitieren, indem er Cowboystiefel, aufwendige, silberblinkende Gürtelschnallen und riesige Hüte trug. Eine derartige Aufmachung mitten in Bensonhurst ist ungefähr so absurd, als würde Clint Eastwood in einem Spaghetti-Western in einem Prada-Jogginganzug mit Goldkette und einem Brillantring am kleinen Finger auftauchen.

Wild Bill setzte sich damit den Beleidigungen und dem Spott anderer Mafiosi aus, aber er war ein harter Kerl, einer, der viel Geld machte. Die Bosse mochten ihn. Folglich wurde seine Folklore toleriert.

»Legs [Diamond] war nun dauerhaft in einen Zustand eingetreten,
der ihn zu einem Unterweltaußenseiter machte. Andere Mafiosi
schienen Legs nicht besonders zu mögen. Neid und Eifersucht mögen
dabei auch eine Rolle gespielt haben. Legs war der am modischsten
gekleidete Mafioso seiner Zeit … Er fuhr mit einer Limousine
durch die Stadt und hatte dabei immer einen ganzen Schwarm
von Leibwächtern dabei, was ihm den Anschein eines Würdenträgers
verlieh. Und fast immer hatte er eine hübsche Lady am Arm.«101
T.J. Englisch, *Paddy Whacked*

Ich traf Wild Bill im Untersuchungsgefängnis, während er auf seinen
Prozess wegen Mordes und illegaler Geschäfte wartete. Bill schaffte es, sich mit seinem frisierten Haar, den manikürten Fingernägeln
und seinen polierten Schuhen – die einzigen auf Hochglanz polierten Schuhe, die ich jemals in einem Gefängnis gesehen habe – von
seinen Mithäftlingen abzuheben. Ich weiß immer noch nicht, wo er
die herhatte.

Vor seinem Prozess riet ihm ein anderer Mafioso auf wirklich freund-
liche Art, er möge – falls er gewinnen sollte – seinem Schöpfer auf
Knien danken, akzeptieren, dass er aufgrund seiner Ausstrahlung
nicht sehr viele Freunde auf der Straße habe, und sich in Zukunft
fernhalten.

Bill wurde freigesprochen. Aber er schlug den Rat seines Mafiakollegen in den Wind und nahm seine Geschäfte in den Straßen von
Brooklyn wieder auf. Unglücklicherweise für Bill waren seine Verdienstmöglichkeiten während seiner Abwesenheit geschrumpft,
ebenso wie die Geduld des Bosses gegenüber seiner Arroganz und
seinem schillernden Auftreten.

Am 26. Mai 1999 stieg Bill in seinen Benz und ward nie mehr gesehen – bis das FBI seine Überreste entdeckte. Bills Mörder mögen tausend Gründe für seine Ermordung gehabt haben, und das
FBI vielleicht noch einige mehr. Die Wurzeln für seinen Tod lagen
jedoch in der Tatsache, dass niemand Typen mag, die den grellen
Schein der Aufmerksamkeit suchen. Bei der ersten Gelegenheit, die

sich Ihren Feinden bietet, kommen Sie im grellen Feuerschein eines Pistolenlaufs um.

>*Der traditionelle Mafioso … vermied jede Zurschaustellung seiner Macht, die den Neid seiner Rivalen wecken könnte.*<[98]
Pino Arlacchi, *Mafia Business*

Wenn Sie zum mittleren Management gehören, laut, arrogant und pompös auftreten, wird Ihr Boss das so lange mitmachen, wie Ihre Zahlen stimmen. Sobald diese einbrechen, sind Sie weg vom Fenster.

Schalten Sie einen Gang herunter.

In der Antike lag Rom mit Karthago im Krieg. Der große römische General Scipio Africanus überzog den Feind mit Krieg und besiegte Karthago auf dessen Boden.

Im Anschluss an seinen überwältigenden Sieg kehrte Scipio nach Rom zurück, wo ihm zu Ehren eine Siegerparade stattfand.

Als Scipio die Parade entlangritt, streckten die Römer ihre Hände aus, um ihn zu berühren; sie warfen ihm Girlanden und Küsse zu.

Scipio wusste schon vorher, dass eine derartige Aufmerksamkeit sein Ego aufblähen würde. Um die Bodenhaftung nicht zu verlieren, wählte er einen Sklaven aus, der im Streitwagen neben ihm stand und ihm ständig ins Ohr flüsterte: »Vergiss nicht, du bist nur ein Mann.«

Unter denselben Umständen hätte Wild Bill Bon Jovi als Einflüsterer engagiert, damit dieser in seinem Triumphwagen neben ihm stehen und singen würde: »Ich bin ein Cowboy und reite auf einem Eisenross …«

Lektion 43

Warum ein Mafioso seinen Sohn auffordert, den Abzug zu drücken: Vertrauensbildung

Im Jahr 1991, auf der Höhe des Colombo-Kriegs, fuhr Anthony Liberatore seinen Sohn Chris zu einem nahe gelegenen Bagel-Shop. Anthony wartete im Auto, während Chris den Laden betrat und einem achtzehnjährigen Mitarbeiter zweimal ins Gesicht schoss. Die beiden Vollidioten erschossen einen unschuldigen Jungen, in dem Glauben, es handele sich um ein Mitglied einer feindlichen Familie.

So verrückt, wie das auch klingen mag, jedenfalls haben eine Reihe Mafiosi ihre Söhne mit zu einem Mordauftrag genommen – eine Art »Take Our Kids to Work Day«.[*] Die Idee dahinter ist, den Sohn mit dem Mafialeben vertraut zu machen und sein Vertrauen zu bilden.

Nettere Mafiosi verwenden weniger gewalttätige Methoden der Vertrauensbildung.

Als ich jung war, nahm mich ein Mafioso zu einem Schlichtungsgespräch mit. Zwar besaß ich nicht die Autorität, am Tisch mitzureden, aber er fragte mich anschließend nach meiner Meinung. Hier war ich, ein Schaf unter Löwen, und er wollte wissen, was ich dachte.

Für mich war dieser Vertrauensbeweis von unschätzbarem Wert. Was hat er dabei gewonnen? Die Verdienstpyramide der Mafia stellte sicher, dass er von meinem Vertrauen profitieren würde.

Nehmen Sie Ihre Mitarbeiter zu einer hochkarätigen Besprechung mit. Bitten Sie sie anschließend um ihre Meinung. Überlassen Sie ihnen die Führung bei einem Projekt. Übertragen Sie ihnen mehr Verantwortung, als sie sich selbst zutrauen. So bildet man Vertrauen. Sie und Ihr Unternehmen werden zu den unmittelbaren Nutznießern gehören.

---

[*] Offizielles Programm; an diesem Tag – einem regulären Schultag – nehmen Eltern ihre Kinder mit in die Arbeit, um sie mit der Arbeitswelt vertraut zu machen. (A.d.Ü.)

> *»Den Erfolg in meinem Leben verdanke ich in erster Linie*
> *meinem Vertrauen in Menschen und meiner Fähigkeit,*
> *ihr Vertrauen in mich zu wecken.«*[99]
> John D. Rockefeller Sen.

Ein Teamleiter oder Manager sollte das Potenzial eines Mitarbeiters realistisch einschätzen und ihn dann aus seiner Komfortzone holen. Übertragen Sie ihm mehr Verantwortung, als er derzeit trägt.

Die meisten Mitarbeiter werden die Herausforderung erfolgreich bewältigen. Auf diese Weise stärken Sie das Vertrauen der Mitarbeiter und profitieren von der besseren Ausschöpfung ihres Potenzials – so wie der Mafioso, der mich zum Schlichtungsgespräch mitnahm.

Fast jeder hat schon mal von Alexander dem Großen, Eroberer der Antike, gehört. Weniger Menschen ist der Name seines Vaters, König Philipp von Mazedonien, geläufig.

König Philipp war die führende Macht in Kleinasien und begann, sein Reich auszudehnen. Philipps Hauptrivale war Athen. Um Philipps Aggression zu bekämpfen, ließen die Athener bei der Schlacht von Chaeronea im August des Jahres 338 v. Chr. eine Armee gegen ihn aufmarschieren.

Vor der Schlacht übertrug Philipp seinem achtzehnjährigen Sohn Alexander das Kommando über die mazedonische Kavallerie. Es stand ja nicht viel auf dem Spiel, nur Leben und Tod und die Weltgeschichte.

Würden Sie mit einem Jugendlichen ein derartiges Risiko eingehen? Mein eigener Vater überließ mir nicht mal seine Autoschlüssel.

Philipps kalkuliertes Risiko zahlte sich über alle Maßen aus. Die Kavallerie des jungen Alexander hatte maßgeblichen Anteil an dem mazedonischen Sieg über Athen. Philipps Entscheidung, seinem Sohn eine größere Verantwortung zu übertragen, als er gewöhnt war, erwies sich als maßgeblich für die Bildung von Alexanders Selbstvertrauen.

Nach Philipps Tod übernahm Alexander das Kommando über seine Armee und wurde zum jüngsten und größten Eroberer aller Zeiten.

Lektion 44

Packen Sie den Stier bei den Hörnern und reißen Sie ihm die Eier ab: Der schnelle und entschlossene Führer

Als die organisierte Kriminalität in Amerika ihren Anfang nahm, brachten sich die ersten Paten, die erbittert um die Macht kämpften, ohne Rücksicht auf Verluste gegenseitig um. Nach reichlichem Blutvergießen ging Salvatore Maranzano als König der Mafia hervor. Bald darauf beschloss einer seiner Chefleutnants, »Lucky« Luciano, ihn umzulegen. Maranzano kaltzumachen, war jedoch eine Herausforderung, weil dieser einen persönlichen Vollzeit-Leibwächter hatte.

Als Luciano erfuhr, dass Maranzano Probleme mit den Steuerbehörden hatte und von diesen Besuch erwartete, heckte er einen Plan aus und führte ihn in Nullkommanichts durch. Er sandte eine Gruppe von Jungtürken* als Steuerfahnder verkleidet in Maranzanos Büro. Nachdem sie sich mit billig nachgemachten Dienstmarken Eintritt verschafft hatten, richteten Lucianos Männer die Waffe auf Maranzano. Und so wurde seine Steuerprüfung zur Autopsie.

Luciano hatte den Stier bei den Hörnern gepackt – und ihm die Eier abgerissen.

> *»Grecos Intelligenznetzwerk verbreitete die Nachricht, Contorno sei auf dem Weg, seine Familie zu besuchen. Greco setzte sich sofort in Bewegung, um einen Hinterhalt zu organisieren.«*
> Tim Shawcross und Martin Young, *Mafia Wars*

Einige Jahrzehnte später war die amerikanische Mafia gereift, aber die Notwendigkeit, schnell und entschlossen zu handeln, blieb so wichtig wie zuvor.

---

* Anspielung auf eine politische Bewegung im Osmanischen Reich (A.d.Ü.)

»Crazy Joe« Gallo von der Colombo-Familie brachte einen Haufen Männer um, und wurde von seiner eigenen Mafiafamilie zum Tod verurteilt. Niemand gelang es jedoch, sich ihm zu nähern. Und selbst, wenn es jemandem gelingen sollte, war Gallo stets in Begleitung seines Leibwächters Pete, dem Griechen.

Gallo liebte Hollywood und verbrachte seine Freizeit mit Leuten aus dem Unterhaltungsgeschäft. Nach einer Partynacht mit einigen Filmstars, darunter Jerry Orbach aus der Fernsehserie Law & Order, luden Gallo und Pete, der Grieche, die Promis zu einem späten Abendessen in ein Restaurant in Manhattans Viertel Little Italy ein.

Gallo aß, trank und lachte mit seinen Gästen, ohne zu merken, dass ein kleiner Straßengangster, der sich bei der Colombo-Familie beliebt machen wollte, ihn erkannt hatte. Der Gangster rannte bis zu einem chinesischen Schnellimbiss an der nächsten Straßenecke, in dem vier Mitglieder der Colombo-Familie aßen, und teilte ihnen mit, er habe soeben Gallo ausfindig gemacht.

Innerhalb einer Sekunde ließen die Männer ihre Frühlingsrollen fallen, griffen zu ihren Pistolen und riefen ihren Capo an, der sie knapp anwies: »Macht ihn kalt!«[100]

Innerhalb von Minuten gingen sie von »Moo Goo Gai Pan« zu »Joe Gallo Toter Mann« über.

Wie Luciano und seine Leute nutzten die Colombo-Männer den Augenblick, in dem Wissen, dass sich eine ähnliche Gelegenheit vielleicht nicht noch einmal bieten würde.

In der gnadenlosen Geschäftswelt ist schnelles und entschlossenes Handeln gefragt. Entledigen Sie sich dabei Ihrer Wettbewerber.

> Der japanische Admiral Yamamoto orchestrierte den berüchtigten Angriff auf Pearl Harbor, der Amerika in den Zweiten Weltkrieg eintreten ließ.

Während des Kriegs knackten die Amerikaner den japanischen Naval Code und fanden heraus, dass Yamamoto plante, den Südpazifik zu überfliegen.

Sofort baten amerikanische Kampfpiloten um Genehmigung, Yamamoto zu töten und erhielten die knappe Anweisung: »Macht ihn kalt!«[101]

Ohne viel Zeit zum Planen rüsteten die Amerikaner ihre P-38-Kampfflugzeuge mit zusätzlichen Treibstofftanks für den Langstreckenflug aus und schwangen sich in die Lüfte.

Genau zur rechten Zeit griffen sie Yamamotos großes Begleitschwadron an und beschossen Yamamotos Flugzeug. Laut dem japanischen Admiral Ugakl, eln Zeuge der Entschlossenheit der amerikanischen Kampfpiloten, »schlugen sie erbarmungslos zu«.

Später fand eine japanische Suchtruppe Yamamoto im Dschungel. Er war aus seinem Flugzeug geschleudert worden, noch festgeschnallt an seinem Pilotensitz, mit zwei Kugeln im Leib, und griff nach seinem Samurai-Schwert. Die Sache verlief ohne Probleme.

Die Amerikaner handelten schnell und entschlossen und packten den Stier bei den Hörnern – wie Luciano, der Maranzano erledigte, und die Colombo-Männer, die Gallo umlegten.

Lektion 45

Machen Sie einfach Ihren Job! Flexibilität

Meine Leute und ich befanden uns mitten in einem Banküberfall, als uns ein Mitarbeiter sagte, der Kollege, der die Safe-Kombination kenne, sei im Urlaub. Der Safe war zu groß, um ihn mitzunehmen, also fing ich an, alle möglichen Leute anzurufen, um zu sehen, ob mir jemand auf der Stelle einen Safeknacker besorgen konnte.

Ein Freund verwies mich an Vinnie »der Tresor«. Vinnie wollte 30 Prozent der Beute. Ich fand das ziemlich heftig, hatte aber keine

Wahl, weil dieser Überfall schon zu weit fortgeschritten war, als dass wir die Sache hätten fahren lassen können. Ich teilte Vinnie mit, wo wir uns befanden. Zwanzig Minuten später kam er mit einem Vorschlaghammer und einem Werkzeugkoffer.

»Was soll der Scheiß?«, fragte ich. Natürlich hatte ich erwartet, dass er Lederhandschuhe anziehen, ein Stethoskop an den Safe anlegen und die Codescheibe drehen würde.

»Das ist meine Ausrüstung, mit der ich Tresore knacke«, antwortete er. »Ich kann jeden Tresor öffnen.«

Vinnie öffnete seinen Werkzeugkoffer und machte sich an die Arbeit. Er bohrte und hämmerte auf den Safe ein, bis sich Metallschichten lösten, Zement bröckelte und Stahlgeflecht sichtbar wurde. Mit einem riesigen Metallschneider zwickte Vinnie das Stahlgeflecht durch, hämmerte ein wenig weiter, und dann waren wir drin.

Wir räumten den Safe aus, gaben dem Gauner seine 30 Prozent und machten uns aus dem Staub.

Als ich Vinnie seinen Anteil gab, fühlte ich mich an der Nase herumgeführt. Stellen Sie sich vor, Sie bestehlen jemanden, und dann ärgern Sie sich darüber, dass jemand Sie bestiehlt. Aber dann dachte ich, »Hey, er hat seine Arbeit gemacht«, und darum geht es. Wie er das machte, war eigentlich nicht meine Angelegenheit.

> *»Humphreys erledigt seinen Job, und das macht er clever.«*[102]
> Sam Giancana in einer lobenden Äußerung über
> Murray »das Kamel« Humphreys

Viele Menschen erwarten, dass die Dinge auf eine bestimmte Art und Weise erledigt werden und erkennen nicht, dass jeder seine eigene Arbeitsmethode hat. Lassen Sie die Leute machen. So lange sie ihren Job erledigen, kümmern Sie sich um Ihre eigenen Angelegenheiten.

Caterina de' Medici war eine Mafiaprinzessin, wenn es solche jemals gab.

Die Männer in ihrer Familie wurden als »Paten der Renaissance« bezeichnet. Wie Mafiabosse beherrschten sie Florenz mithilfe von Mord, Bestechung und Intrigen.

Aus politischen Gründen arrangierte der Papst eine Ehe zwischen Caterina de' Medici und Henry, Prinz von Frankreich. Um die Heirat verbindlich zu machen, musste Caterina einen Thronerben gebären.

Henry hatte da jedoch gewisse Schwierigkeiten. Und leider spielte sich das Ganze vor dem Zeitalter von Viagra ab. Der Papst war zunehmend frustriert über diese Situation und sagte zu Caterina: »Komm schon, ein cleveres Mädchen findet doch immer einen Weg, um irgendwie schwanger zu werden.«[103]

In anderen Worten: Mach einfach deinen Job.

Lektion 46

Wir haben zwölfmal auf ihn geschossen, aber er lebte noch: Die meisten Probleme lösen sich von alleine

Lucchese-Underboss Anthony »Gaspipe« Casso, der den Verdacht hatte, »Fat Pete« Chiodo spiele mit gezinkten Karten, beauftragte eine Gruppe von Auftragsmördern damit, ihn umzulegen.

Nachdem sie Chiodo aufgelauert hatten, überfielen sie ihn an einer Tankstelle auf Staten Island, während er seinen Ölstand prüfte. Die Männer ließen einen Kugelhagel auf ihn niederregnen, aber Chiodo überlebte – seine vielen Fettschichten wirkten wie eine kugelsichere Weste und fingen das ganze Blei auf.

Ich kannte einige der verhinderten Chiodo-Mörder. Sie gehörten zu den witzigsten Typen, die ich kannte. Als einer von ihnen Witze über die Sache riss, sagte er mir: »Wir haben ihm zwölf verdammte Kugeln in den Körper gejagt, und er hat's überlebt. Bevor wir auf ihn geschossen haben, konnte er kaum atmen. Jetzt hat er jede Menge Krankenschwestern um sich herum, die rund um die Uhr seine Gesundheit überwachen. Er hat sogar einen Diätexperten verordnet bekommen. Nie ist Chiodo gesünder gewesen als jetzt. Und das verdankt er alles uns. Er war so ungesund, dass er ganz von alleine tot umgefallen wäre, wenn wir ihn in Ruhe gelassen hätten. Und keiner von uns wäre eingelocht worden.«

Im Gegensatz zu dem, was der paranoide Casso glaubte, als er die Ermordung Chiodos anordnete, war Chiodo kein Verräter – das heißt, bis auf ihn geschossen wurde. Nun, da er von seinen Freunden verraten worden war, hatte er keinerlei Skrupel, ein FBI-Informant zu werden.

Wie einer der Auftragsmörder, der mit mir Witze gerissen hatte, erkannte, ist es manchmal das Beste, Dinge, die sich von allein erledigen, in Ruhe zu lassen.

Lernen Sie, zwischen echten Problemen, die einer Lösung bedürfen, und unwichtigen Dingen, die sich oftmals von allein erledigen, zu unterscheiden.

Lektion 47

»Hey, wissen Sie, wer mein Onkel ist?«: Jeder ist wichtig

In Brooklyn und Queens ist jeder irgendwie mit der Mafia verbunden. Wenn Sie dazugehören, wissen Sie das und behandeln jeden mit Respekt – für den Fall.

> *»Jeder, den ich in New York kenne,*
> *hat irgendwann mit der Mafia Kontakt gehabt.«*[104]
> Selwyn Raab, *Five Families*

Die erste Anklage gegen John Gotti nach seinem Aufstieg zum Oberhaupt der Gambino-Familie, über die breit in den Medien berichtet wurde, drehte sich um einen Bagatellübergriff bei einem Streit um einen Parkplatz.

Irgendein legaler Typ lieferte sich mit Gotti eine Prügelei, und Gotti versohlte ihm den Arsch. Typisch für den durchschnittlichen Klugscheißer, der eine Schlägerei beginnt und sie dann verliert, lief dieser heulend zur Polizei. Gotti wurden wegen Körperverletzung angeklagt, und da fand der Typ dann heraus, wem er an die Eier gehen wollte. Es kam zum Prozess. Nachdem der Typ plötzlich unter Gedächtnisverlust litt, wurde Gotti freigesprochen.

Ich bin sicher, dass dieser Heini, schon bevor er mit John Gotti zu tun hatte, einer Menge anderer Leute Probleme bereitet hatte. Er konnte von Glück sagen, dass er mit dem Leben davonkam. Dieses Mal lernte er auf die harte Tour, andere zu respektieren.

Der Mafia-Informant Sammy »der Bulle« Gravano war schon immer ein hinterhältiger Arsch. Trotzdem gelang es ihm, sich an die Spitze der Gambino-Familie zu schießen und hochzugaunern. Bestimmte Mafiosi, die Sammy schon kannten, als er noch ein kleiner Fisch war, bezeichneten ihn als kleine, böse Schlange. Sie rechneten wegen genau dieser Schwächen nicht mit seinem Aufstieg. Diejenigen, die ihn auf seinem Weg an die Spitze schlecht behandelt hatten, bezahlten das später mit ihrem Leben.

Als Sammy zur Regierung überlief, erfand er alle möglichen kreativen Geschichten, warum er Leute umgebracht hatte. Üblicherweise schob er die Schuld an seinen späteren Morden seinem Boss, John Gotti, in die Schuhe, wobei er die Ausrede verwendete, die man bei den Nürnberger Prozessen üblicherweise hörte: »Ich habe nur Befehle befolgt.«

Einer der Morde, die Sammy organisierte, war der am Gambino-Sgarrista Louis DiBono. Sammy gab Gotti die Schuld daran, aber in Wahrheit starb DiBono, weil er Sammy verärgert hatte, als dieser noch ein Niemand war.

DiBonos Tod ist ein perfektes Beispiel dafür, warum Sie jeden Menschen mit Respekt behandeln sollten, selbst wenn er nicht wichtig ist. Als es DiBono dem jungen Gravano gegenüber an Respekt mangeln ließ, hätte er sich nie vorstellen können, dass das Schicksal Sammy eines Tages in eine Machtposition katapultieren würde.

Und so kam es:

Schon früh in seiner Karriere hängte sich Sammy an Frankie DeCicco, einen Mafioso aus Brooklyn. Als John Gotti aus Queens seinen Don, Paul Castellano, umlegen wollte, brauchte er die Familienmitglieder aus Brooklyn als Verbündete, um die Familie intakt zu halten. Gotti, ein perfekter Politiker, vertraute seinen Plan DeCicco an, der mitmachen wollte.

Gotti und DeCicco planten, die Macht zu teilen, falls der Coup gelänge, was der Fall war. Nachdem Castellano tot war, wurde DeCicco Gottis Underboss und Sammy, der DeCicco nahestand, stieg eine Stufe auf der Hierarchieleiter auf. Das Schicksalsrad hörte damit aber noch nicht auf, sich zu drehen.

Als Rivalen versuchten, Gotti mit einer Autobombe ins Jenseits zu befördern, verpassten sie ihr Ziel und jagten stattdessen DeCicco in die Luft. Nun, da DeCicco tot war, musste Gotti einen neuen Underboss aus Brooklyn ernennen, da diesem Familienzweig eine tragende Rolle im neuen Regime versprochen worden war. Aufgrund Sammys Nähe zu DeCicco, wählte Gotti Sammy aus, um in dessen leergefegte Schuhe zu steigen.

Und jetzt sagen Sie mir, ob sich DiBono all das hätte vorstellen können, als er Sammy, »den Niemand«, Jahre zuvor respektlos behandelte? Nun, jetzt hat er eine ganze Ewigkeit Zeit, um darüber nachzudenken.

Sobald er an der Macht war, brütete Sammy, »der Rachsüchtige« einen Grund aus, um DiBono beseitigen zu können. DiBonos 350 Pfund schwerer Körper wurde im Keller des World Trade Centers in einen Kofferraum gezwängt gefunden. (Als weiteres Zeugnis des Geschäftssinns der Mafia hatte DiBono einen legalen, viele Millionen Dollar schweren Vertrag über den Feuerschutz der Stahlstützen der Zwillingstürme an Land gezogen, und ausgerechnet dort lauerten ihm seine Mörder auf.)

Heute würde DiBono Ihnen raten, zweimal über diese Nullen in Ihrem Büro nachzudenken, bei denen Sie sicher sind, dass sie es niemals zu irgendetwas bringen werden. Sie wissen nie, wo jemand morgen steht.

Behandeln Sie jeden Menschen mit Respekt.

Im Februar 1930 wurde »Machine Gun« Jack McGurn, ein Mafioso aus Chicago, von der Polizei wegen Geschwindigkeitsübertretung an den Straßenrand gewunken.[105] Neben McGurn saß ein junger Mann.

Der Polizist, der McGurn kannte, fragte ihn: »Wer ist dieser kleine Scheißkerl?«

McGurn antwortete: »Er ist kein kleiner Scheißkerl. Er ist ein solider Bursche. Aus dem wird mal was.«

»Wie heißt er?«, fragte der Polizist.

»Tony Accardo.«

Tony »Joe Batters« Accardo sollte Nachfolger von Al Capone werden und Chicago fünf Jahrzehnte lang regieren. Er ordnete die Ermordung von mehr als 200 Menschen an, kontrollierte Las Vegas und die milliardenschwere Kasse der Gewerkschaft International Brotherhood of Teamsters und beherrschte die Polizei und Politiker von Chicago. Ein kleiner Scheißkerl.

Ungefähr zur gleichen Zeit, als McGurn und Accardo durch Chicago rasten, kämpften Michael Collins und Eamon de Valera um die Kontrolle der irischen Revolutionsbewegung, die nicht viel mehr war als eine Mafia: Diebstahl, Gewalt und die Erschießung von Informanten.

Da an der Spitze nur für einen Platz war, schaffte es der listige de Valera, Collins als Verräter aussehen zu lassen und ließ ihn anschließend ermorden. In typischer Mafiamanier bekam Collins ein Dum-Dum-Geschoss in den Kopf.

Nun war de Valera der unumstrittene Boss der irischen Mafia – oder revolutionären Bewegung.

Ungefähr 60 Jahre bevor de Valera Collins kaltmachte, wurden er und sein Sohn wegen Hochverrats verurteilt und sollten von der britischen Regierung hingerichtet werden. Aus politischen Gründen beschlossen die Engländer, einen Teil der Todesstrafen umzuwandeln. Der für die Hinrichtungen verantwortliche Sir John Maxwell erhielt die Nachricht aus England, er solle die Hinrichtungen aussetzen.

»Wer steht als Nächstes auf der Liste?«, fragte Maxwell.[106]

»Connolly«, antwortete ein Untergebener.

»Den können wir nicht laufen lassen«, sagte Maxwell. »Wer kommt als Nächstes?«

»De Valera.«

»Stellt er irgendwas dar?«, fragte Maxwell.

»Nein, er ist nur ein Lehrer.«

»In Ordnung«, sagte Maxwell. »Machen Sie weiter mit Connolly und sparen Sie diesen Typen aus.«

Wie Tony »Joe Batters« Accardo, der Chicago für fast 50 Jahre beherrschte, nachdem er als »kleiner Scheißkerl« bezeichnet worden war, herrschte Eamon de Valera, der »nur ein Lehrer« war, fast 50 Jahre über Irland.

Sie wissen nie, mit wem Sie es zu tun haben. Behandeln Sie jeden Menschen mit Respekt.

Lektion 48

Was bin ich, ein Gavone*? Was Leute wirklich über Sie denken

Sicher, viele Mafiosi sind unsicher oder eitel und machen sich ständig Sorgen um ihr Image. Aber ich kenne einen Mafioso, der genau auf sein Image achtete und nie eitel oder unsicher war. Nur klug.

Auf der Straße nahm ich an einigen Besprechungen mit einem Mafioso teil, den ich hier Philly Blake nennen will. Einmal gingen wir aus einer solchen Besprechung und Philly fragte: »Was denken die über mich?«

»Wen kümmert das?«, fragte ich.

Das nächste Mal, als wir eine Besprechung verließen, stellte Philly mir dieselbe Frage und ich rollte mit den Augen. Philly schüttelte den Kopf.

»Du verstehst nicht«, sagte er. »Es ist wichtig, dass du dich so siehst, wie dich die anderen sehen.« Als Philly es so ausdrückte, erschien seine Frage plötzlich nicht mehr so lächerlich.

> *»Das Auge sieht sich nicht selbst.«*[107]
> Shakespeare, *Julius Cäsar*

Haben Sie sich jemals gefragt, wie andere Menschen Sie sehen? Es lohnt sich durchaus, gelegentlich darüber nachzudenken. Wer bin ich? Wie verhalte ich mich? Bin ich grob oder höflich? Geizig oder großzügig? Kann man auf mich zählen? Bin ich der Typ, den Sie gerne als Schwiegersohn hätten? Was macht mich aus? Und was sagen und denken andere von mir, wenn mein Name fällt?

> *»Das nicht untersuchte Leben ist nicht lebenswert.«*[108]
> Sokrates

---

* Geht auf das italienische Wort »cafone« zurück – ein ungehobelter Klotz ohne Manieren und mit geschmacklosem Protz (A.d.Ü.)

Die erste Inschrift des Apollotempels von Delphi lautet: »Kenne dich selbst.« Ein einfacher, brillanter Satz. Wie viele von uns kennen sich wirklich selbst?

Die alten Griechen sagten auch: »Charakter ist Schicksal.« Falls dem so ist, können wir Philly Blakes Rat nutzen, um unseren Charakter und damit unser Schicksal zu verändern?

Lektion 49

Wenn Sie ständig die Seiten wechseln, kommen Sie garantiert ins Stolpern

Der erste größere Mafiakrieg in Amerika war der Krieg von Castellammare, der von 1929 bis 1931 dauerte. Dieser blutige Konflikt, bei dem es um die Kontrolle der amerikanischen Mafia ging, wurde zwischen den Leuten von Joe »der Boss« Masseria und Salvatore Maranzano ausgetragen.

Ungefähr hundert Mafiosi fielen diesem Krieg zum Opfer. Interne Spannungen führten zu Angriffen aus dem Hinterhalt. Auf beiden Seiten entstanden Splitterfraktionen.

Ein Mafiamitglied stach unter den vielen, die mit der Gezeitenwende die Seiten wechselten, hervor: Anthony »Tony Bender« Strollo. Tony Bender war von Jugend an bei Mafiageschäften beteiligt. Als der Krieg von Castellammare ausbrach, schloss er sich der Masseria-Seite an. Als Masserias Schiff gefährliche Schlagseite bekam und zu kentern drohte, sprang Tony Bender über Bord und rettete sich auf Maranzanos Schiff. Und als Maranzanos Leute meuterten, schloss er sich den Meuterern an. Der Fletcher Christian dieser Meuterbande war Charles »Lucky« Luciano.

> *»[Tony Bender] war ziemlich gut darin, auf beiden Straßenseiten zu tanzen und damit durchzukommen.«* [109]
>
> Lucky Luciano

Der Krieg endete und Bender arbeitete eine Weile unter Luciano. Als Luciano ins Gefängnis wanderte, schmeichelte sich Bender bei einem neuen Boss ein – Vito Genovese. Als Genovese nach Italien floh, um einer Mordanklage zu entgehen, hängte sich Bender an einen anderen Boss – Frank Costello –, der Genovese nie besonders mochte. Als Genovese Costello erschießen ließ, kehrte Bender zur Genovese-Familie zurück. Als Genovese eingebuchtet wurde, schwor Bender wieder dem Boss einer neuen Familie Loyalität – Carlo Gambino.

Und dann hatte die Mafia endgültig die Nase voll von Tony Benders Spielchen. Er wurde vermisst und seine Leiche nie gefunden.

Wenn Sie ständig die Seiten wechseln, kommen Sie irgendwann ins Stolpern. Hätte Bender die Geschichte studiert, hätte er sein schreckliches Ende womöglich verhindern können.

Als zwischen Sparta und Athen Krieg ausbrach, kämpfte der junge Alkibiades für Athen. Zwar wurde Frieden geschlossen, aber zwischen diesen beiden Staaten brach erneut Krieg aus.

Dieses Mal wechselte Alkibiades die Seiten und kämpfte aufseiten Spartas. Rechtzeitig floh er aus Sparta und schaffte es bis nach Persien – eine dritte Macht, welche die beiden anderen Mächte hasste.

Mit viel persischem Geld und vielleicht einigen Teppichen kehrte Alkibiades nach Athen zurück und konnte die Athener davon überzeugen, ihn wieder aufzunehmen – so wie Genovese Bender wieder aufnahm, nachdem er sich zuvor mit Genoveses Feind Costello verbündet hatte. Alkibiades verließ seinen jüngsten Verbündeten jedoch erneut und ging zurück nach Persien, wo er Berater des persischen Königs wurde. In Persien biss Alkibiades dann schließlich ins Gras, genau wie Tony Bender, der zum Berater von Don Carlo Gambino aufstieg – sein letzter Schachzug, bevor er umgebracht wurde.

Angriff von hinten, Seitenwechsel. Einen Mann verlässt das Glück. Genau dieses Drama hat sich in der Geschichte der Menschheit stets wiederholt. Seien Sie nicht der nächste Idiot, der dabei die Hauptrolle spielt. Wenn Sie ständig die Seiten wechseln, kommen Sie garantiert ins Stolpern.

Lektion 50

Italiener sprechen mit den Händen: Körpersprache

Irgendein Arschloch fuhr mit seinem Auto einen Jungen an. Dem Jungen war nicht viel passiert – kleinere Schrammen und blaue Flecken – aber sein Vater, ein echter Schlägertyp, drehte durch. Ich kannte den Vater und wusste, dass er es ernst meinte, als er schwor, er würde den Fahrer umbringen.

Als der Fahrer Wind davon bekam, dass er Probleme mit dem Schlägertypen bekommen würde, heulte er sich bei einem lokalen Ganoven – Greedy Pete – aus. Pete wusste, dass ich mit dem Vater des Jungen gut auskam und sprach mich an. Nicht um das Leben des Autofahrers zu retten, sondern um ihn zu erpressen. (Passen Sie auf, an wen Sie sich in Zeiten der Not wenden.)

»Der hat Kohle»«, sagte Pete. »Lass ihn uns bis auf den letzten Tropfen melken.«

Petes Plan sah vor, dem Autofahrer die Hölle heißzumachen und ihm gleichzeitig zu versichern, dass er sich von dem Problem freikaufen könne. Meine Aufgabe bestand darin, den Vater des Jungen zu beruhigen und ihm Geld dafür anzubieten, dass er von seinen Mordplänen Abstand nahm.

In den folgenden Wochen traf sich Pete mehrmals mit dem Autofahrer. Zwischen den einzelnen Treffen gab er vor, immer wieder mit dem wütenden Vater des Jungen zu sprechen, um eine Einigung aus-zuhandeln. In Wahrheit berichtete Pete an mich.

Zunächst bot der Autofahrer 10.000 Dollar, um die Sache zu begra-ben und sein Leben zu retten. Petes Ziel war, die Schlichtungssum-me auf 50.000 Dollar hochzutreiben. Bei jeder Erhöhung um 5.000 Dollar behauptete der Fahrer, er könne keinen weiteren Cent auf-treiben. Aber das war jedes Mal gelogen, denn anschließend erklärte er sich jedes Mal bereit, die Summe zu erhöhen, bis Pete bei 35.000 Dollar schließlich zu mir kam und sagte: »Das ist die Grenze. Mehr können wir nicht aus ihm herauspressen.«

Mir fiel schwer, das zu glauben. Der Autofahrer hatte die ganze Zeit gelogen. Wer würde ihm nun glauben? Wollte Greedy Pete mich ver-arschen und 15.000 Dollar in die eigene Tasche stecken?

»Lou«, sagte Pete. »Ich mache das schon seit Langem. Ich weiß, wann mich ein Typ verarscht und wann nicht. Wenn wir ihn noch härter in die Mangel nehmen, wird er sich entweder der Polizei stel-len oder sich irgendwo runterstürzen.«

»Woher willst du wissen, dass er die ganze Woche lang gelogen hat, aber jetzt die Wahrheit sagt?«

»Ich achte nicht auf die Worte«, erwiderte Pete. »Jeder lügt. Ich achte auf Augen, Hände, die Atmung und alle anderen verdammten Dinge.«

Ich akzeptierte Petes Begründung aus genau diesen Gründen. Wir schlossen die Sache bei 35.000 Dollar ab. Ich würde gerne sagen, dass wir dem Jungen das Geld gaben, damit er es für sein College-Studium anlegen konnte. Stattdessen behielten Pete, der Vater des Jungen und ich jeweils 10.000 Dollar und gaben 5.000 Dollar nach oben weiter.

Fast alle Menschen verwenden Körpersprache. Vielleicht reden sie nicht mit den Händen, so wie die Italiener, aber sie geben auf viel-fältigste Weise Hinweise, die ihre Worte entweder bestätigen oder als Lüge entlarven. Wenn Sie auf die Körpersprache eines Menschen achten und Sie interpretieren können, sind Sie bei jeder Verhandlung im Vorteil.

>>*Die Zunge wurde dem Diplomaten gegeben,
damit er seine Gedanken verstecken kann.*<<[110]
Talleyrand, Außenminister und Berater von Napoleon

In der Mafia lässt sich Körpersprache dazu verwenden, einzuschätzen, wie viel jemand für gestohlene Beute zu zahlen bereit ist, ob jemand Geld hat, wenn er das Gegenteil behauptet oder wie sehr sie jemanden in die Mangel nehmen können, bevor er nach einem anderen Ausweg sucht. Die Beispiele sind endlos.

Glauben Sie nicht den Worten, wenn der Körper etwas anderes sagt.

Lektion 51

Erbringen Sie die zugesagte Leistung: Stehen Sie hinter Ihrem Namen

Als Nicholas >>Nick die Messerklinge<< Virgilio aus Philadelphia wegen Mordes angeklagt wurde, traf er sich mit einem korrupten Richter des Amtsgerichts namens Edwin Helfant. Helfant behauptete, er habe gute Beziehungen zu Virgilios Prozessrichter und bot Virgilio an, ihn für 12.000 Dollar freizukaufen.

Virgilio blechte – und wurde dennoch verknackt.

Sechs Jahre später wurde Virgilio wegen guter Führung vorzeitig entlassen und begann, Helfant aufzulauern. Eines verschneiten Tages kaufte er eine Schaufel, eine Skimaske, Handschuhe und eine 22-kalibrige Pistole. Als Schneeschipper verkleidet, der mal auf Toilette musste, betrat Virgilio eine Lounge, in der Helfant mit seiner Frau zu Abend aß. Als Virgilio die Lounge verließ, saß Helfant zusammengesackt auf seinem Stuhl – tot.

Es gibt eine gewisse Ehre unter Dieben. Die Mafia glaubt fest daran, dass jeder bekommen sollte, wofür er bezahlt hat.

Wie viele Anrufe gehen jeden Monat auf Ihrem Mobiltelefon verloren? Und dennoch will der Netzanbieter bezahlt werden. Wie viele Produkte haben Sie dieses Jahr gekauft, die so minderwertig hergestellt waren, dass sie kaputtgegangen sind? Lieben Sie nicht auch diese beschränkten Garantien, die jedes mögliche Problem abdecken, bis auf das eine, das wahrscheinlich auftritt? Sprechen Sie auch so gerne mit einer Stimme vom Band, wenn Sie eigentlich einen lebendigen Kundenservice-Agenten brauchen? Und wie sieht es mit den 20 bis 30 Minuten aus, die Sie in der Warteschleife hängen, bis Sie endlich zu diesem Menschen durchdringen, dann falsch verbunden werden und noch einmal von vorne anrufen müssen?

Steht irgendjemand hinter seinem Produkt- oder Dienstleistungsversprechen?

Wenn Sie für ein Produkt oder eine Dienstleistung bezahlt werden, dann erbringen Sie die bezahlte Leistung!

> *»Niemand hatte ein Problem damit,*
> *mit einem Jugendlichen zu verhandeln.*
> *Mein Wort galt. Ich hielt meine Versprechen.«*[117]
> Louis Ferrante, *Unlocked*

Sie sollten nicht das Geld anderer Leute annehmen, um sie dann zu verarschen und einen Drink in der Lounge zu nehmen wie Edwin Helfant. Stehen Sie hinter Ihrem Namen.

Lektion 52

Sichern Sie Ihren Arsch: Lassen Sie niemals zu, dass Ihnen irgendjemand das Fell über die Ohren zieht

Es gab einmal zwei Ganoven in Queens, die mit einem Transporter herumfuhren und nach irgendeinem Otto Normalverbraucher Ausschau hielten – üblicherweise einem Typen an einer Tankstelle oder einem Passanten auf dem Bürgersteig. Wenn die Gauner ihre Zielperson ausgemacht hatten, hielten sie den Transporter an und schoben die Seitentür auf. Einer der Gauner sprang hinaus und zeigte der Zielperson einen Stapel Fernsehkartons im Inneren des Transporters.

»Die haben wir gerade gerippt«, sagte er. »Die müssen ruckzuck weg; sind 32-Zoller. Willste einen?«

Sie müssen wissen, dass Queens nicht Beverly Hills ist. Die meisten Anwohner in einkommensschwachen Gegenden sind mit Kriminalität vertraut. Eine Situation wie diese haut sie nicht um. Arbeiter können immer einen Preisnachlass gebrauchen. Die meisten haben nicht das Gefühl, dass der Kauf von Hehlerware dasselbe ist, wie eine kriminelle Straftat zu begehen. Denken Sie an die Millionen von Menschen, die DVD-Kopien kaufen.

Falls der Typ den Gaunern sagte, »Kein Interesse«, rasten sie davon und suchten sich einen anderen Dummen.

Falls er zögerte, wussten sie, dass er reif für ihre Verarsche war, und zogen die Zügel an.

»Los mach schon, entschließ' dich«, sagte einer der beiden womöglich. »Ich muss die Scheiße loswerden.« Der Fahrer schrie vielleicht: »Beeil dich!« oder ließ den Motor aufheulen, um eine Entscheidung zu beschleunigen. Der Typ musste sich schnell entscheiden, ohne Zeit, eine Frage zu stellen oder einen Karton öffnen zu können. »Wie viel?« war alles, was die Gauner hören mussten, um zu wissen, dass sie einen Fisch an der Angel hatten. Vielleicht verlangten sie 100 Dollar, aber letztlich würden sie nehmen, was der potenzielle Käufer zu zahlen bereit war. Kratzte er 50 Dollar zusammen, sagten sie: »Na gut, aber nur, weil wir es eilig haben.«

Wenn der Käufer nach Hause kam und den Karton öffnete, fand er einige in Zeitung eingehüllte Backsteine.

Diese Gauner waren erfolgreich, weil sie Experten darin waren, Menschen zu Spontanentscheidungen zu bewegen. Sie fingen ihre Beute unvorbereitet, wenn sie ihren Transporter mit Reifenquietschen zum Stehen brachten. Sobald sie wussten, dass sie einen möglichen Kunden aufgetan hatten, machten sie Druck. »Beeil dich, das muss schnell gehen.«

Jeder, der Angst hat, dass ihm ein Geschäft durch die Lappen geht, das ihm in den Schoß zu fallen scheint, ist ein perfektes Verarschungsopfer.

> *»Antworten Sie niemals sofort auf einen Vorschlag,*
> *der Ihnen unterbreitet wird, und auch nicht auf irgendeine*
> *Beschwerde oder ein unerwartetes Angebot ... Man muss sich*
> *immer Zeit zum Nachdenken nehmen, und es ist besser,*
> *auf Morgen zu verschieben, was man nicht gut*
> *und vorbereitet heute erledigen kann, als übereilt zu handeln.«*[112]
> G. Lacour-Gayet, *Talleyrand*

Lassen Sie sich niemals zu einer Entscheidung drängen. Stellen Sie Fragen, kratzen Sie sich den Kopf und gewinnen Sie Zeit, um alles gründlich zu durchdenken. Es ist in Ordnung, jemanden auszubremsen, der Sie unter Druck setzen will, weil das wahrscheinlich bedeutet, dass Sie verarscht werden sollen. Andernfalls wird man Ihren Wunsch nach Bedenkzeit respektieren.

Lektion 53

Gehen Sie für Ihre Leute durchs Feuer: Loyalität gegenüber Ihren Mitarbeitern

Der Auftragsmörder der Bonanno-Familie, Louie Tuzzio, legte Gus Farace um, als Antwort auf dessen leichtsinnigen Mord an Everett Hatcher, Agent der amerikanischen Drogenfahndungsbehörde DEA. Als Tuzzio Farace in einen Hinterhalt lockte, saß neben Farace ein junger Mann im Auto, der ebenfalls Schüsse abbekam. Bei diesem jungen Mann handelte es sich um den Sohn eines Gambino-Sgarrista. Zwar erholte sich der Sohn vollständig von seinen Schussverletzungen, dennoch bat sein Vater seinen Don, John Gotti, um Gerechtigkeit – er wollte den Auftragsmörder Louie Tuzzio tot sehen.

Entgegen Medienberichten jener Zeit war Gotti nicht der Boss der Bosse. Zwar war er das Oberhaupt seiner eigenen Familie, aber er verfügte über keinerlei Autorität über Angehörige anderer Mafiafamilien. Der geschäftsführende Boss der Bonanno-Familie, Anthony Spero, war der Mann, der für Tuzzio verantwortlich war. Gotti konnte allenfalls mit Spero sprechen und verlangen, dass Tuzzio für seinen Fehler getötet wurde.

Spero war Gotti keine Antwort schuldig. Er hatte die Wahl. Er konnte das Ansinnen ablehnen und seinen eigenen Mann verteidigen, oder Tuzzio zum Abschuss freigeben und sich bei Gotti einschmeicheln. Möglicherweise hat Spero sich die Entscheidung, Tuzzio umzulegen, sehr schwer gemacht, aber am Ende ließ er ihn beseitigen.

John Gotti befand sich in genau dem gleichen Dilemma wie Spero, als einer seiner Leute einen Mordversuch an Lucchese-Underboss Anthoy »Gaspipe« Casso unternahm. Casso wurde verletzt, aber er überlebte. Nach seiner Genesung verfolgte er den Auftragsmörder, der auf ihn geschossen hatte, und folterte ihn so lange, bis er den Namen des Mafiosos verriet, der ihn beauftragt hatte. Dabei handelte es sich um Angelo Ruggiero, ein enges Mitglied von Gottis Familie.

Casso wandte sich an Gotti und verlangte von ihm, Ruggiero kaltzumachen. Zu dem Zeitpunkt war Gotti noch neu in seiner Machtposition und nicht gefestigt. Erst kurz zuvor hatte er den Thron der Gambino-Familie an sich gerissen und versuchte, mit anderen Familien Allianzen zu knüpfen. Kurzum, Gotti brauchte Freunde, aber keine Feinde.

Streng politisch betrachtet hätte Gotti Ruggiero opfern müssen. Hätte nicht sogar Machiavelli Gotti dazu geraten? Gotti weigerte sich allerdings und erregte damit den Zorn Cassos und der Lucchese-Familie.

Gotti kannte sich mit Politik besser aus als jeder andere, aber er würde seine eigenen Leute nicht ans Messer liefern.

> *Diese Siedler verdanken ihren Reichtum womöglich dem Handel*
> *oder der Landwirtschaft oder dem Anstieg ihrer Bevölkerung*
> *oder vielleicht der moralischen Integrität, die sie dazu veranlasste,*
> *ihren Verbündeten die Treue zu halten, bis sie selber vernichtet waren.*
> *Wie ich sagte, wurden sie jedenfalls schnell reich.* [113]
> Livy, *A History of Rome*

In dem Film *Die Unberührbaren* gibt es eine Szene, in der Al Capone, gespielt von Robert De Niro, zwei Männer mit einem Baseballschläger brutal erschlägt. Diese Szene basiert auf Tatsachen. Capone brachte diese beiden Männer – Anselmi und Scalise – um, nachdem er herausgefunden hatte, dass sie ein Mordkomplott gegen ihn planten.

Einige Jahre bevor Capone Anselmi und Scalise umbrachte, wurde er aufgefordert, die beiden an Hymie Weiss auszuliefern, einen Gangster, gegen den Capone damals Krieg führte. Weiss, der einen persönlichen Rachefeldzug gegen Anselmi und Scalise führte, versprach, den Krieg gegen Capone einzustellen, wenn ihm diese beiden Männer zur Hinrichtung übergeben würden. Capone wollte die Auseinandersetzungen beenden, damit er sich ohne Störungen wieder seinen Geschäften widmen konnte.

>*Es liegt in der DNA der Cosa Nostra, interne Kollisionen zu vermei-den, weil das der Polizei die Chance zu Ermittlungen und zur Bekämp-fung der Mafia bieten würde.*«[114]
Col. Mauro Obinu, Carabinieri

Er lehnte dennoch ab. »Das würde ich nicht einmal einem gel-ben Hund antun!« war Capones unmissverständliche Antwort auf Weiss' Ansinnen.

Al Capone und John Gotti hatten viele Charakterschwächen, aber sie waren gegenüber ihren Leuten loyal. Selbst Casso, der versuch-te, Gotti umzulegen, musste zugeben, »[Gotti] ist einer der weni-gen Menschen, auf deren Wort man sich hundertprozentig verlas-sen kann.«

Verteidigen Sie Ihre Leute.

Lektion 54

Ruhen Sie in Frieden – in einer Hütte am See, aber nicht im Sarg: Gönnen Sie sich eine Pause und kommen Sie erholt zurück

In den 1990er-Jahren kannte ich einen Mafioso, der eine Reihe er-folgreicher Unternehmen besaß. Er war ein Workaholic, unfähig, ei-ne Pause zu machen. Einst plante er einen zweiwöchigen Urlaub in Florida. Nach zwei Tagen rief er sein Büro an und sagte, »Ich kom-me mit dem nächsten Flieger zurück.« Noch bevor die Sonne unter-ging, war er wieder an der Arbeit.

Offensichtlich war er nur mit seinem Geschäft und nicht mit seiner Frau verheiratet. Schließlich endete diese Ehe in einer Scheidung. Da er dieses hektische Tempo irgendwann nicht mehr durchhielt, begann der Mafioso, Tabletten zu nehmen, und am Ende kam der Zusammen-bruch. In der Folge verlor er alles, wofür er so hart gearbeitet hatte.

Der menschliche Geist und Körper können auf Hochtouren arbeiten, aber ohne gelegentliche Boxenstopps können sie dieses Tempo auf Dauer nicht durchhalten. Zwischen harter Arbeit und Überarbeitung ist es nur ein kleiner Schritt. Aus diesem Grund nehmen sich kluge Mafiosi eine Auszeit von ihrer Arbeit.

Anthony »Fat Tony« Salerno, Boss der Genovese-Familie, hatte eine Farm in Rhinebeck, New York. Colombo-Boss Carmine Persico verzog sich auf sein Grundstück in Saugerties, New York, und Gambino-Boss John Gotti hatte ein Sommerhaus in Pennsylvania. Die Liste der Mafiosi, die sich an Orte weit weg von ihrem täglichen Aktionsfeld zurückzogen, ist endlos. Sie müssen allerdings nicht immer weit wegfahren, um mal eine Pause zu machen. Bonanno-Mitglied Anthony Spero züchtete Brieftauben auf dem Dach seines Hauses in Brooklyn, so wie auch Dominick Napolitano und andere prominente Mafiosi.

Nach dem Stress eines großen Coups fuhr ich immer in die Poconos-Berge in Pennsylvania oder nach Long Island, um einen langen Strandspaziergang zu machen. Einige Tage Erholung und Entspannung, und ich kam frisch und mit neuem Elan zurück, um neue Geschäfte auf der Straße zu machen.

Eine versteckte Hütte kann das beste Mittel gegen Stress sein und tausendmal besser wirken als Medikamente. Oder noch schlimmer: ein Psychiater, von denen einige verrückter sind als ihre Patienten. Während Sie sich in der Hütte ausruhen, schalten Sie geistig ab. Wenn Ihre Gedanken ins Büro wandern, dann kontrollieren Sie Ihre Gedanken, anstatt sich von ihnen kontrollieren lassen.

Eines der zehn Gebote sagt uns, dass wir an einem Tag – am Tag des Herrn – komplett ausruhen sollen.

Ein Mafioso mag jedes einzelne der Zehn Gebote brechen, aber er wird seinen eigenen kleinen Sabbath begehen und anschließend wie neu auf die Straße zurückkehren.

Lektion 55

Spalten Sie sich nicht entzwei: Die falsche Entscheidung ist besser als gar keine Entscheidung

Am 16. April 1984 nahm die Polizei in Garfield, New Jersey, den Anruf eines Warenlagers entgegen, in dem man zwei 200-Liter-Fässer gefunden hatte, die mit menschlichen Körperteilen angefüllt waren. In einem Fass befand sich der Kopf und Torso eines Mannes. In einem anderen seine Beine. Die forensische Abteilung brauchte drei Monate, bis sie die grausigen Überreste Cesare Bonventre zuordnen konnte.

Bonventre war ein 33-jähriger Mafioso, der zur Bonanno-Familie gehörte, als er ermordet wurde. Die Familie war in einen Machtkampf verwickelt und Bonventre wurde in zwei Hälften geteilt, während er noch dabei war, sich zu überlegen, welcher Seite er seine Treue schwören sollte.

Eine falsche Entscheidung ist besser als gar keine. Ein Fehler lässt sich korrigieren. Sie haben die Gelegenheit, die Dinge geradezubiegen. Keine Entscheidung zu treffen, bringt Sie nirgendwo hin.

Der Diktator Benito Mussolini herrschte über Italien wie ein Mafia-Don, und zwar so absolutistisch, dass er einen Kreuzzug gegen die echten italienischen Mafia-Dons begann, weil er in ihnen eine Bedrohung seiner Macht sah.

Im Jahr 1922 nutzte Mussolini sein Talent zu resoluten Entscheidungen, als er und seine Gang auf Rom zumarschierten und einem unfähigen König und einer Horde unorganisierter Politiker die Macht raubten. Im Jahr 1939, zu Beginn des Zweiten Weltkriegs, machte Mussolini jedoch einen entscheidenden Fehler, als er beschloss, an der Seite Nazideutschlands zu kämpfen, anstatt aufseiten der Alliierten.

Sechs Jahre später, als Italien in Trümmern lag, fragte ihn sein Sohn Vittorio, wie er einen so derartig beschissenen Fehler hatte machen können, sich mit den Nazis zu verbünden.

In wenigen Worten erklärte Mussolini seinem Sohn, dass er einfach aufs falsche Pferd gesetzt hatte. Die Entscheidung basierte zwar auf zahlreichen komplexen Faktoren, aber Mussolini war ein praktischer Mann und wusste, dass es sich letztlich darauf reduzieren ließ.

Egal wie verfehlt Mussolinis Entscheidungen waren, er erreichte den Gipfel der Macht, indem er Entscheidungen traf. Anders als Bonventre, der auf der Hälfte der Karriereleiter halbiert wurde.

Lektion 56

Rom wurde nicht an einem Tag erbaut

Für Jahrzehnte war Carlos Marcello der unumstrittene Mafiaboss von Louisiana.

Marcellos Fähigkeit, vorauszudenken und einen Schritt nach dem anderen zu machen, war schon in jungen Jahren deutlich ausgeprägt. Als Junge war der zukünftige Don so arm, dass er sich keine Pistole leisten konnte. Er kam auf die Idee, sich eine Pistole zu leihen, um ein Lebensmittelgeschäft zu überfallen. Die Beute nutzte er dann, um zwei weitere Pistolen zu kaufen. Mit drei Pistolen hatten Marcello und seine Jugendbande genügend Feuerkraft, um eine Bank zu überfallen und einen Sack Geld abzutransportieren.

Zugegeben, wir sprechen hier nicht über den Raub der Pink-Panther-Juwelen, aber Marcello bewies schon früh die Fähigkeit, mehrere Schritte im Voraus zu denken und zu planen.

Von einem Supermarkträuber entwickelte er sich zum Besitzer einer Spelunke, zum Kasinobetreiber und schließlich zum Oberhaupt der Unterwelt. Mit dem gleichen methodischen Vorgehen wie ein legaler Geschäftsmann – Kapital erwerben, kluge Investitionen tätigen, Geld ausgeben, um Geld zu verdienen – wurde er schließlich zum Besitzer von Restaurants, Motels, Jachthäfen, Banken und Bars, Tankstellen, Taxiunternehmen und einer Flotte Krabbenfänger.

Einige dieser Geschäfte wurden mit Mafiageldern begonnen, aber das schmälert nicht die Verdienste, die Marcello sich erworben hat, indem er daraus erfolgreiche Unternehmungen machte. Wenn ein Mann Geld aus illegalen Geschäften und ein anderer Familienvermögen investiert und ein Dritter einen niedrig verzinsten Bankkredit oder ein Geschäftsdarlehen in neue Vorhaben steckt, haben alle drei Männer die gleichen Ausgangsvoraussetzungen, mit Ausnahme der Tatsache, dass die Kapitalbeschaffung des Mafiosos von reichhaltigen Erfahrungen begleitet war. Eine Bank oder ein persönliches Darlehen bietet außer Geld nichts Wertvolles.

Viele der legalen Unternehmungen, die Marcello vor Jahrzehnten in Louisiana begann, existieren noch immer. Wie ein talentierter Schachspieler plante Marcello mehrere Schritte im Voraus, bewegte aber immer nur eine Figur gleichzeitig. Auf diese Weise begann er das Spiel des Lebens als Bauer und verließ es als König.

Wenn Sie planen, ein Imperium aufzubauen, müssen Sie wie Marcello erkennen, dass die größten Leistungen die Summe zahlreicher kleiner Leistungen sind, die stets mit Blick auf das große Ziel vollbracht wurden.

Lektion 57

Bugsy und Bacchus: Die Lektionen aus der Geschichte

Santo Trafficante, Mafiaboss von Florida, war ein eifriger Leser von Geschichten und Biografien. Carlo Gambino zitierte Machiavelli und Joe Bonanno las Klassiker von Homer bis Dante. Diese drei Mafiabosse waren Titanen des organisierten Verbrechens und wendeten die Weisheit, die sie aus eigenen Erfahrungen gewannen, auf

alltägliche Probleme an und gaben diese Weisheit an ihre Untergebenen weiter. Jeder, der mit dem Leben dieser drei Männer vertraut
ist, weiß, dass ihre Lesebegeisterung zweifellos mit ihrem Erfolg zu
tun hatte.

> *»Mr. und Mrs. Santo Trafficante sind immer zu Hause ...*
> *und alles, was sie tun, ist Lesen.«* [115]
> Hausmädchen der Trafficantes bei einem FBI-Verhör

Die jüdischen Mafiosi Bugsy Siegel und Meyer Lansky wuchsen zusammen in den Straßen von New York auf. Als Jungen hatten sie dieselben Ziele, wählten den gleichen Karrierepfad und erwiesen sich als
gleichermaßen kalt und berechnend. Als sie erwachsen wurden, ähnel-
te sich ihr Geschäftsleben, aber sie hatten unterschiedliche Hobbys.

Lansky war ein eifriger Bücherwurm und ein treues Mitglied des
Buchklubs Book-of-the-Month. Üblicherweise ging er früh und mit
einem guten Buch ins Bett.

> *»Ich war äußerst wissbegierig.«* [116]
> Meyer Lansky

Siegel dagegen hatte keine Zeit für Bücher. Er liebte das schnelle
Geld und schnelle Autos und machte ständig und unermüdlich Ge-
schäfte. Sein größter Coup war die Verwandlung einer Kleinstadt in
der Mojave-Wüste in einen Spielplatz für Vergnügungssüchtige. Mit
Investorengeldern errichtete er sein Traumhotel und Kasino, »The
Flamingo« in Las Vegas.

Als Siegels Hotel nicht pünktlich fertig wurde und die Kosten der
Fertigstellung das Budget weit überschritten, kamen seine Mafiain-
vestoren zu dem Schluss, er verschwende ihr Geld. Außerdem verspotteten sie Siegel, weil er sich in die ehemalige Prostituierte Virginia Hill verliebt hatte. Sie glaubten, Hill manipuliere Siegel und
schaffe von ihren Geldern ein kleines Vermögen beiseite.

Hätte Siegel wie Lansky Geschichte studiert, hätte er über Perikles,
den berühmten Athener Staatsmann und Stadtplaner Bescheid ge-

wusst, der an einem umfangreichen Bauprojekt, dem Parthenon, beteiligt war. Auch Perikles verwendete Investorengelder, um den Parthenon zu errichten. Als die Kosten der Fertigstellung das Budget weit überschritten, kamen seine Athener Investoren zu dem Schluss, er verschwende ihr Geld. Außerdem verspotteten sie Perikles, weil er sich in die ehemalige Prostituierte Aspasia verliebt hatte. Genau wie Hill nutzte Aspasia Perikles' Macht und Verbindungen, um heimlich ein kleines Vermögen beiseitezuschaffen.

> *»Aspasia … welch herausragende Kunst der Macht*
> *diese Frau beherrschte, dass sie die herausragendsten Staatsmänner*
> *nach ihrem Belieben manipulierte.«* [125]
> Plutarch, *Life of Pericles*

Auch Virginia Hill manipulierte die wichtigsten Männer der Mafia nach ihrem Belieben, darunter Frank Costello, Frank Nitti, Joe Adonis und Tony Accardo und Murray »Das Kamel« Humphreys.

Und hier die Weisheit der Geschichte: Perikles und Siegel. Zweitausend Jahre Zeitunterschied, gleiche Umstände.

Hätte Siegel sich mit Geschichte befasst, wie es Meyer Lansky, Gambino, Bonanno und Trafficante taten, hätte er die Fallstricke, in denen sich Perikles verhedderte, vermieden und wäre friedlich in seinem Bett eines natürlichen Todes gestorben, wie die zuvor genannten Mafiabosse. Stattdessen ließen ihn seine aufgebrachten Investoren umbringen.

Eines Abends, als sich Siegel in Hills Haus entspannte, wurde er von Kugeln durchsiebt. Es heißt, »vier der Schüsse, die auf Siegel abgefeuert wurden, hätten eine Marmorstatue des Bacchus, die auf einem Flügel stand, zerstört.«

> *»Ein Gangster brachte die Wüste zum Erblühen – eine Oase,*
> *die aus Sand, Gestrüpp und Ödnis entstand.«*
> William F. Roemer über Benjamin »Bugsy« Siegel

Bacchus, der antike Gott des Weines und der Trunkenheit, wird im Allgemeinen mit dem Nachtleben assoziiert. Zusammen mit Siegel wurde seine Statue vernichtet. Die Männer der Antike hätten diesen kuriosen Zufall als perfekten Aufhänger für eine lehrreiche Geschichte genommen.

Auch wenn sich Siegels Tod hätte vermeiden lassen, zollte er Perikles posthum Tribut. Heute gibt es in Las Vegas das Parthenon Convention Center, das Nightlife-Mekka der Welt.

Die Leistungen von zwei Träumern, die die gleichen Fehler machten, sind für immer in der Mojave-Wüste miteinander verschmolzen.

Lektion 58

Zeit zu gehen: Wie Sie die Organisation verlassen

Als ich beschloss, der Mafia den Rücken zu kehren, wandte ich mich an alle Bosse, mit denen ich damals im Gefängnis saß, und sagte ihnen, ich wolle einen neuen Weg einschlagen. Ich achtete darauf, ihren Lebensstil nicht zu beleidigen, sondern sagte ihnen einfach die Wahrheit, nämlich dass das Mafialeben einfach nichts mehr für mich war. Abgesehen von zahllosen moralischen Fragen konnte man vernünftigerweise sagen, dass die Mafia nicht viel Raum für eine weitere Karriereentwicklung ließ, angesichts der Tatsache, dass so viele Verräter so viele von uns ins Gefängnis gebracht hatten.

Jeder Boss, mit dem ich sprach, wusste, dass ich nie irgendjemanden verraten hatte, niemandem Geld schuldete und stets die Integrität der Organisation gewahrt hatte. Sie wünschten mir Glück. Einige Bosse suchten auch weiterhin Rat bei mir, was Probleme mit ihren Familien – der unmittelbaren und der erweiterten – anging. Ich sagte ihnen meine Meinung, passte aber auf, dass ich mich nicht in irgendwelche neuen Konspirationen verwickelte.

Heute treffe ich ab und zu auf einen Mafioso aus den alten Tagen. Ich halte diese Kontakte stets freundlich und bin bei diesen Begegnungen nie auf Ablehnung oder Verbitterung gestoßen.

Vielleicht kommt einmal der Zeitpunkt, an dem Sie vor einer ähnlichen Situation stehen. Sie haben eine Zeit lang Menschen geführt. Sie haben genug Wissen und Weisheit erworben, um das Unternehmen eigenständig zu leiten. Vielleicht machen Sie das sogar, ohne sich offiziell in dieser Position zu befinden und von den Vorteilen zu profitieren. Sind Sie zufrieden mit Ihrer Position, oder ist es Zeit, sich auf den Weg zu machen?

Erstens müssen Sie Ihre Möglichkeiten der Weiterentwicklung innerhalb des Unternehmens prüfen. Wenn diese schlecht aussehen und Sie beschließen, das Unternehmen zu verlassen, dann machen Sie das mit Takt. Machen Sie sich keine Feinde.

Wenn Sie die Ratschläge befolgen, die ich Ihnen bis hierher gegeben habe, dann haben Sie für Ihr Unternehmen Geld verdient, niemanden verraten, niemanden jemals öffentlich bloßgestellt und auch im privaten Mitarbeiter betreut und angeleitet. Sie haben Ihre Entschlossenheit mit Nachsicht gepaart und anderen Menschen erlaubt, unvollkommen beziehungsweise menschlich zu sein. Wenn Sie in Ihrem eigenen Verhalten Integrität bewiesen haben, sollten Sie keine Schwierigkeiten haben, sich zu verabschieden.

Ihre Kollegen werden traurig sein, dass Sie gehen, aber Ihre Entscheidung respektieren und Ihnen alles Gute wünschen. Einige Mitarbeiter gehen möglicherweise mit Ihnen. Und Ihre ehemaligen Bosse suchen – wie meine – unter Umständen nach wie vor Ihren Rat.

Wenn Sie Don Ihres eigenen Unternehmens geworden sind, oder der Don des Unternehmens, für das Sie jetzt arbeiten, wenden Sie alles an, was Sie gelernt haben, und Sie werden erfolgreich sein.

Viel Glück, egal wofür Sie sich entscheiden.

Teil III

Lektionen für einen Don (Boss)

»[Ein Don] muss eine seltene Kombination an Eigenschaften
besitzen. Wie der Vorstandsvorsitzende eines großen Unternehmens
oder der Kommandeur einer Armee muss er mutig, aggressiv,
energiegeladen, clever, einfallsreich und intelligent sein
und die Fähigkeit besitzen, in seinen Untergebenen unbedingte Loyalität
zu wecken … Er muss ein Verwalter, ein Richter, ein Politiker,
ein Diplomat, ein General [und] ein Geschäftsmann sein.«[118]
John H. Davis, *Mafia Dynasty*

Lektion 59

Sie müssen wissen, wann Sie sich zügeln müssen: Kontrollieren Sie Ihren Ehrgeiz

Carlo Gambino war wahrscheinlich der erfolgreichste amerikanische Mafiaboss aller Zeiten. Im Jahr 1957 folgte er auf Albert »The Mad Hatter« Anastasia als Boss einer bösartigen Familie mit dem Beinamen Murder, Inc. und formte sie zu einer Money Inc., die zu seinen Lebzeiten die lukrativste Familie des Landes war.

Gambino führte eine Reihe neuer Mafiageschäftszweige ein. Er sicherte sich die Kontrolle über die Hafendocks, die Gewerkschaft der Hafenarbeiter, lieferte Baumaterial für Wolkenkratzer sowie Geflügel für Restaurants und Supermärkte. Diese neuen Geschäftsfelder füllten die Taschen fast aller Familienmitglieder.

Wie in alten Königshäusern arrangierte Gambino die Hochzeit seines Sohns mit der Tochter eines anderen Mafia-Dons und knüpfte so eine Allianz, mit deren Hilfe sich seine Mafiafamilie Zutritt zu Manhattans berühmtem Schneiderviertel Garment District, verschiedenen Gewerkschaften und der Auslieferbranche verschaffte. Gambino stellte eine Armee von mehr als tausend Sgarriste auf und dehnte das Netzwerk der Familie über das ganze Land aus.

Diese revolutionären Initiativen deuten darauf hin, dass Gambino ein Mann war, der von einem unerschütterlichen Ehrgeiz getrieben war. Wenn Sie sein Leben jedoch sorgfältig studieren, werden Sie feststellen, dass er seinen Ehrgeiz an die jeweiligen Umstände anpassen konnte.

> *»Die menschliche Stärke liegt nicht in Extremen,*
> *sondern in der Vermeidung von Extremen.«*[119]
> Michel de Montaigne

Das ist keine leichte Aufgabe. Fragen Sie Ken Lay und Jeff Skilling, die Erschaffer und Zerstörer von Enron, wie schwer es ist, den eigenen Ehrgeiz im Zaum zu halten.

Nach einem Leben des ständigen Fortschritts merkte Gambino, dass sich die Zeiten geändert hatten. Neuere Mafiosi missachteten Regeln und zerstörten Familien mit Drogengeschäften. Viele waren laut und grell, anstatt zurückhaltend und respektvoll. Gambino hatte keine Lust mehr auf eine weitere Ausdehnung der Geschäfte und warnte zukünftige Mafiaführer, sich in Bescheidenheit zu üben. Am Ende »schloss er die Bücher« (das heißt, er nahm keine neuen Mitarbeiter mehr auf) und zog sich in sein Haus auf Long Island zurück, wo er im Alter von 74 Jahren friedlich verstarb, während er ein Turnier der Yankees im Fernsehen verfolgte.

> *»[Don Angelo] Bruno hatte Macht, wusste aber auch, dass mit der Macht Verantwortung einherging … Er kannte seine Grenzen. Er wusste, wann er vorstoßen und wann er sich zurückziehen musste.«*[120]
> George Anastasia, *Blood and Honor*

Kaum zehn Jahre nach Gambinos Tod wurde seine albtraumhafte Vision über die Zukunft der Familie in der Person eines brutalen, schillernden, mit Drogen handelnden Dons namens John Gotti – dem absoluten Gegenteil von Gambino – Wirklichkeit. In vielfältiger Hinsicht war Gotti genauso intelligent wie Gambino, aber er war aus ganz anderem Holz geschnitzt.

Wie gelang es Gambino, die Zukunft vorherzusagen? Indem er einen Blick auf die Vergangenheit warf.

Gambino hatte die italienische Geschichte studiert. Oft zitierte er Machiavelli und kopierte die Führungsqualitäten der besseren römischen Kaiser.

> *»Ich muss zugestehen, dass Napoleon der größte Gauner der Welt war. Aber bei manchen Dingen hätte ich ihn warnen können … er hat seine Karten überreizt … er war genau wie wir alle; er wusste nicht, wann man besser aufhört, und musste dafür bezahlen.«*[121]
> Al Capone

Augustus Cäsar war wahrscheinlich der erfolgreichste aller römischen Kaiser. Er folgte auf Julius Cäsar, nachdem dieser brutal ermordet worden war – so wie Gambino Albert Anastasia nach dessen Ermordung auf den Thron folgte.

Augustus war von Ehrgeiz getrieben und setzte auf gnadenloses Wachstum. Er baute Straßennetze, die die Grenzen des Reiches ausdehnten, und gründete eine Polizeitruppe, eine Feuerwehr und ein Kuriersystem, ähnlich unserer heutigen Post. Außerdem arrangierte er Ehen für wirtschaftliche und politische Zwecke – genau wie Gambino.

Gegen Ende seines Lebens merkte Augustus, dass sich die Zeiten geändert hatten, und war einer weiteren Expansion müde. Er warnte zukünftige römische Kaiser, sie mögen sich in Bescheidenheit üben. Im Alter von 75 Jahren verstarb er friedlich.

Sowohl Augustus als auch Gambino wussten, wann sie ihren Ehrgeiz zügeln mussten.

Über ein Imperium, eine Mafiafamilie oder ein Unternehmen zu herrschen, ist wie Autofahren. Sie müssen wissen, wann Sie Gas geben und wann Sie bremsen müssen.

> *»Sir, wenn es irgendetwas gibt, das ein erfolgreicher Mann vor allem anderen wissen muss, ist es, wann man aufhören muss.«*[122]
> Coenus zu Alexander dem Großen

Lektion 60

Reine Geschäftssache: Freunde oder Feinde?

Nein zu einem Freund zu sagen, kann das Schwierigste sein, das man tun muss. Aber in der Mafia ist es fast immer Ihr bester Freund, der Sie umbringt. Manchmal lockt er Sie in einen Hinterhalt, manchmal drückt er den Abzug.

> *»Vito [Genovese] sagte mir, dass er zu lächeln begann*
> *und mit der Hand winkte, als er Reina sah. Das Nächste,*
> *was Vito tat, war, ihm den Kopf wegzublasen.«*[123]
> »Lucky« Luciano

Es gibt Momente, da ein Freund Sie nicht absichtlich verletzten will, aber sein Egoismus, seine Dummheit oder sein Leichtsinn bringen Sie um.

In einem früheren Kapitel erwähnte ich John Petrucelli, der nicht nur dafür getötet wurde, dass er seinen Freund Gus Farace versteckte, sondern auch dafür, dass er sich weigerte, Farace umzulegen, als der Boss herausfand, dass er ihm Unterschlupf gewährte. Farace wusste, dass er Mafiaregeln gebrochen hatte. Deshalb wusste er auch, dass er Petrucellis Leben in Gefahr brachte, als er seinen Freund um Hilfe bat. Egal, von welcher Seite Sie es betrachten, Petrucelli starb für Farace, dem er wiederum offensichtlich relativ egal war.

Im Gefängnis lernte ich einen Mafioso aus Boston kennen, der wegen mehrfachen Mordes eine lebenslange Haftstrafe verbüßte. Er hatte einige »Freunde« auf der Straße, die ihm gegenüber loyal blieben. Eines Tages, als ich darauf wartete, nach ihm das Telefon benutzen zu können, begann er ohne jede Vorsicht mit seinem Gesprächspartner am anderen Ende der Leitung zu sprechen. Er sprach über die Eintreibung von Kreditwucherschulden und andere Mafiageschäfte, die er vom Gefängnis aus leitete.

Als er auflegte, sagte ein Mafioso aus Jersey, der das Gespräch mit angehört hatte, während er auf ein anderes Telefon wartete, zu ihm: »Du solltest aufpassen, was du sagst. Die Telefone werden abgehört.«

Der Mafioso aus Boston antwortete: »Ist mir scheißegal. Ich sitze doch eh lebenslang.«

»Dein Freund aber nicht«, erwiderte der Mafioso aus Jersey.

Der Kollege aus Boston wirkte plötzlich wie ein Reh im Scheinwerferlicht. Es war deutlich geworden, was er war: ein Typ, dem seine sogenannten Freunde scheißegal waren.

»Gott beschütze uns vor unseren Freunden.
Mit unseren Feinden werden wir fertig.« [124]
General George S. Patton

Wie oft in Ihrem Leben hat ein Freund Sie um etwas gebeten, das Sie nicht tun wollten, Sie hatten aber das Gefühl, Sie könnten nicht Nein sagen? Üblicherweise bringt Sie dieser »Freund« in Schwierigkeiten.

Ich rate Ihnen nicht davon ab, einem Freund in Not zu helfen; darum geht es im Leben. Aber ein echter Freund wird Sie niemals absichtlich in Gefahr bringen. Falls doch, sollten Sie diese Freundschaft hinterfragen.

Manchmal müssen Sie Nein sagen. Reine Geschäftssache.

Lektion 61

Die Mafia gibt kaum Geld für Büromaterial aus*: Eliminieren Sie Verwaltungskosten

Ich kassierte Schutzgeld von diesem Typen, Larry, der einen großen Vertrieb für Autoersatzteile besaß. Larry machte jede Menge Kies und hatte kein Problem, mir ein paar Sandkörnchen rüberzuschieben. Doch dann stellte er eines Tages die Zahlungen ein. Larry behauptete, sein Geschäft werfe keinen Gewinn mehr ab.

Ich stand in Larrys Büro, als er mir von seiner Armut vorheulte. Er trug Schuhe aus Pythonleder und schlug mit der Hand auf einen Louis-was-weiß-ich-für-ein-König-Tisch ein. An seinem Handgelenk blitzte eine 30.000-Dollar-Armbanduhr von Bulgari, eine 50-Dollar-Zigarre verpestete sein Büro und an der Wand hing ein

---

* Benannt nach dem demokratischen Politiker Estes Kefauver, Vorsitzender des Sonderausschuss des US-Senats zur Bekämpfung der organisierten Kriminalität. (A.d.Ü.)

riesiger TV-Bildschirm. Draußen arbeiteten mindestens 50 Angestellte an ihren Schreibtischen.

»Einen Scheißdreck!«, fuhr ich ihn an. »Ich will meine Scheißkohle.«

»Ich zeige dir meine Bücher.« Larry griff in seinen Büroschrank.

»Ich hab's eilig«, sagte ich. »Zeig sie mir morgen. Ich komme wieder.«

Ich war keineswegs in Eile, aber Tatsache war, dass ich seinen Arsch nicht von seinen Tabellenkalkulationen hätte unterscheiden können.

Am nächsten Tag kam ich mit meinem Buchhalter wieder, in der Annahme, Larry habe die Bücher frisiert und der Buchhalter könne es ihm nachweisen. Ich ließ ihn in Larrys Büro zurück und sagte ihm, er solle mich anrufen, wenn er fertig sei. Ich war so sicher, dass Larry mich verarschen wollte, dass ich an diesem Abend extra eine Stunde dafür einplante, Larry die Fresse zu polieren.

Wenige Stunden später rief mich mein Buchhalter an und sagte: »Der Typ ist legal.«

»Wie kann das sein?« fragte ich verblüfft.

»Er spielt den großen Zampano. Er hat ein Warenlager von mehr als 900 Quadratmeter, obwohl die Hälfte genügen würde. Zehn gute Verkäufer können seine Kunden bedienen – er hat fünfzig. Und er hat vier schicke Autos über das Geschäft geleast, eines davon ist deins.«

Ich schwieg. Ich war nicht bereit, mein Auto aufzugeben.

»Louie, er wirft das Geld mit vollen Händen zum Fenster raus. Seinen Betrieb könnte er aus einer Doppelgarage heraus führen und seine Verwaltungskosten um die Hälfte senken.«

»Noch irgendwas?«, fragte ich.

»Ja, seine Angestellten klauen Toilettenpapier.«

Ich zahlte den Buchhalter und gab Larry drei Monate, um seinen Laden auf Vordermann zu bringen. Das tat er, und ich bekam wieder mein Geld.

Überprüfen Sie genau Ihre Ausgaben. Jeder Cent, den Sie weniger an Verwaltungskosten ausgeben, ist ein zusätzlicher Cent in Ihrem Portemonnaie.

Übrigens, wie erwähnt, gab ich meinen Leasing-Wagen nicht auf. Kurz darauf war ich in einen bösen Autounfall verwickelt. Zusätzliche Lektion: Man bekommt immer, was man verdient, und die Ironie gibt's gratis dazu.

Lektion 62

Gesellschaftsklubs haben solide Stahltüren – die immer offen sind: Die Politik der offenen Tür

Haben Sie jemals einen italo-amerikanischen Fußballklub gesehen, vor dessen Tür ein Dutzend übergewichtiger Typen herumlungert? Entweder haben die Ehemaligen der Mannschaft sich wirklich gehenlassen, oder es handelt sich um einen Gesellschaftsklub der Mafia.

Jeder Mafioso hat einen Ort, wo er Hof hält. Gelegentlich steht der Boss vor der Tür oder dreht mit einem Associate eine Gesprächsrunde um den Block. Üblicherweise sitzt er aber drinnen und spielt Karten.

Obwohl fast alle Klubs solide Stahltüren mit einem Spion haben, stehen sie allen Mitgliedern der Organisation offen. Es ist ein Ort, an dem jeder »Mitarbeiter« den Boss aufsuchen kann, um geschäftliche Angelegenheiten zu besprechen.

> *»Er macht das ganze Jahr über Tag und Nacht Politik, und seine Hauptzentrale trägt die Inschrift »Nie geschlossen.«* [125]
> William L. Riordan, *Plunkitt of Tammany Hall*

181

Wenn der Boss ständig für alle verfügbar ist, fragen Sie sich vielleicht, wie er irgendetwas zustande bringen kann.

Zunächst sortiert er die Leute aus, die seine Zeit verschwenden. Mafiosi, die mit jedem Scheiß zu ihm kommen, verlieren das Privileg, ihn zu jeder Zeit aufsuchen zu können. Sie werden von den unsportlichen, übergewichtigen Typen aussortiert, die vor dem Klub stehen – in Ihrem Fall übernimmt das Ihre Sekretärin. Jede Person, die nicht auf der Liste der ärgerlichen Zeitverschwender steht, sollte Zugang zu Ihrem Büro haben.

Ein Boss, der seine Tür für seine Mitarbeiter verschließt, bindet seine eigenen Hände. Wenn jemand, dem Sie Zugang zu Ihrem Büro gewähren, Kontrolle über die Informationen hat, dann hat diese Person Kontrolle über Sie. Wenn Sie zum Beispiel nur drei Leute in Ihr Büro vorlassen, dann ist das so, als begäben Sie sich unter die Aufsicht dieser drei Menschen – etwas, das Sie nie tun sollten.

Eine Politik der offenen Tür öffnet Ihnen den Blick auf das gesamte Unternehmen. Jeder noch so heimliche Furz wird Ihnen dann zu Ohren kommen.

Lektion 63

Stören Sie mich jetzt nicht! Der Wert von Unterbrechungen

Sobald Ihre Tür offensteht, werden Sie mit vielfachen Unterbrechungen konfrontiert.

Wie ich im vorhergehenden Kapitel sagte, müssen Sie die regelmäßigen, ärgerlichen Störer aussortieren, aber allen anderen Zugang zu Ihnen gewähren. An einem finsteren Ort lernte ich etwas, das ein neues Licht auf Unterbrechungen warf.

Im Gefängnis gab ich buchstäblich Hunderten von Männern Rat, die mit jedem erdenklichen Problem – Was soll ich meiner Frau sagen? Wie soll ich mit meinem Sohn umgehen? Soll ich meinen Anwalt umbringen lassen? ... – zu mir kamen.

Nach einer Weile gingen mir die ewigen Störungen auf die Nerven.

In bestimmten Gefängnissen haben die Zellen schwere Stahltüren. In der Mitte der Tür befindet sich ein rechteckiges Fenster mit verstärktem Glas. Wenn ein Häftling für sich sein will, dann schiebt er ein Stück Pappe in den Rahmen des Glasfensters. Diese Standardmethode verhindert, dass andere Häftlinge in die Zelle starren können, während Sie auf dem Klo sitzen oder sich einen runterholen. Wenn Sie fertig sind, nehmen Sie die Pappe wieder weg.

Ich begann, die Pappe in den Rahmen zu stecken und den ganzen Tag dort zu lassen: Bitte nicht stören! Endlich war ich mit meinen Gedanken allein und konnte längere Zeiträume ungestört lesen und schreiben.

Eines Tages kam ein israelischer Gangster auf meiner Zellenetage auf mich zu, als ich vom Essenfassen in meine Zelle zurückkehrte. Kurz bevor ich die Pappe wieder befestigte, sagte er: »Du solltest die Leute nicht von dir fernhalten. Du hast hier vielen Typen geholfen.«

»Sie können so nervig sein«, antwortete ich.

»Was ist, wenn einer an Selbstmord denkt und mit dir reden will?«

Ich habe Männer kennengelernt, die sich im Gefängnis umgebracht haben; daher horchte ich auf. Am folgenden Tag ließ ich meine Tür weit offen. Ich hörte nicht nur Männer an, die mit jemandem sprechen wollten, und gab ihnen meinen Rat, sondern ich profitierte auch von den Unterbrechungen.

Und das geschah folgendermaßen: Wenn ich gerade dabei war, etwas zu schreiben, wenn ein Mithäftling den Kopf hereinstreckte, legte ich meinen Stift nieder und sprach mit ihm. Nachdem er wieder gegangen war, kehrte ich zu meinem Text zurück und stellte fest, dass mein Kopf mit neuen Ideen angefüllt war. Wenn ich in dem Mo-

183

ment, in dem ich unterbrochen wurde, mit einem Problem kämpfte, stellte ich anschließend fest, dass ich mit einer Lösung zu diesem Problem zurückkehrte. Was war passiert?

Während ich mit Bubba, C-Train oder Tex herumalberte, arbeitete mein Gehirn, das eine Chance hatte, meine Gedanken unkontrolliert wandern zu lassen, unbewusst weiter an diesem Problem. Eine kurze Ablenkung ist so ähnlich, als überschlafe man ein Problem. Ich erkannte, dass Unterbrechungen ein Teil unserer perfekten Welt sind.

Und ich konnte noch einen weiteren Nutzen aus der positiven Einstellung gegenüber Unterbrechungen ziehen: Je mehr Einblicke ich in unterschiedliche Persönlichkeiten erhielt, desto besser verstand ich die menschliche Natur. Und je besser wir die menschliche Natur verstehen, desto größer sind unsere Erfolgschancen.

Und noch wichtiger: Ich half einer Menge Leute. Das können Sie auch.

Lektion 64

Die Kaution liegt in der Nachttischschublade: Sehen Sie zu, dass Sie frühzeitig vorbereitet sind

Was ist das Schlimmste, das passieren kann? Ein Chemieunfall? Eine Klage wegen sexueller Belästigung? Eine schreckliche Zeitungsstory? Colibakterien in der Cafeteria?

Niemand kann Probleme besser vorhersehen als die Mafia.

Wie die meisten Mafiosi dachte ich, ich käme nie ins Gefängnis. Ich hielt mich für zu klug, als dass man mich erwischen würde. Und wie die meisten Mafiosi war ich vorbereitet – für alle Fälle.

Ich stellte sicher, dass alle um mich herum genau wussten, was sie zu tun hatten, falls ich festgenagelt würde.

Mein Cousin Don sollte meine Kaution beschaffen und einen Anwalt engagieren. Franky Stitches sollte die Eigentumsrechte an allen meinen Autos besorgen, die auf die Namen unterschiedlicher Leute lauteten, und sie verkaufen, bevor sie konfisziert wurden. Johnny »on the Avenue« sollte meinen Schmuck in einem Bankschließfach lagern, Benny sollte mein Kreditwucherbuch übernehmen und weiterhin Schulden eintreiben und Juney würde die Führung meiner Gruppe übernehmen und Hehlerschulden für gestohlene Ware kassieren. Ally »der Flüsterer« würde sich um meine Familie kümmern. Und schließlich bat ich einen Freund am Rande, bei wöchentlichen Gefängnisbesuchen Bericht zu erstatten, sodass ich meine Geschäfte überwachen und, falls notwendig, Entscheidungen treffen konnte.

Wenn Sie sich gezwungen sehen, ähnliche Pläne wie diese zu machen, dann sitzen Sie knietief in der Scheiße, und Sie haben mein Mitgefühl. Allen anderen möge dieses extreme Beispiel als Orientierung für die Vorbereitung auf Worst-Case-Szenarien dienen, mit denen Sie sicher irgendwann konfrontiert werden.

Mafiosi führen ein riskantes Leben. Im Bewusstsein, wie unberechenbar das Schicksal sein kann, bereiten sich die meisten Mafiosi vor, und zwar *frühzeitig*.

Lektion 65

Bauen Sie nicht das Sportstadion, liefern Sie nur den Zement: Spüren Sie neue Geschäftschancen auf

Die Mafiosi von gestern trugen Nadelstreifenanzüge und Filzhüte. Die heutige Mafia sieht man auch in Levi's und T-Shirt.

Wenn man Levi Strauss' ursprünglichen Geschäftsansatz betrachtet, sind seine Jeans für moderne Mafiosi absolut angemessen und eine geeignete Metapher für Mafiamethoden.

Strauss war ein Immigrant, der kurz vor dem Goldrausch in Amerika landete. Im Jahr 1848 wurde in Kalifornien Gold gefunden. Im darauffolgenden Jahr war jeder Träumer weltweit gen Westen gezogen. Sie griffen nach den Sternen und kratzten ihre Finger bis auf die Knochen wund, um ein schimmerndes Nugget zu finden, das ihnen ein Leben in Luxus ermöglichen würde. Nur wenige fanden Gold. Die meisten wurden enttäuscht und kehrten desillusioniert nach Hause zurück. Einige streunten ziellos herum, verloren sich im Glücksspiel, verhurten ihr Leben und waren am Ende so ausgelaugt wie die Erde, die sie auswuschen und siebten.

Anders als diese Träumer erkannte Strauss das echte Nugget. Jeden Tag spuckten die Eisenbahnen Waggonladungen voller Männer aus. Sie brauchten die grundlegenden Dinge zum Leben und Arbeiten: Nahrung, Kleidung, Schaufeln, Hacken, Pfannen, Stiefel, Eimer, Kämme und Handschuhe. Strauss eröffnete einen Gemischtwarenladen in San Francisco – Gold Rush Central – und verkaufte sämtliche Artikel, die Goldschürfer brauchten, einschließlich seiner eigenen Version von Arbeitshosen: Denim Blue Jeans.

Strauss suchte nie das Glitzern des Goldes, wurde aber zum reichsten Mann, den der Goldrausch je hervorbrachte. Bis heute werden seine Blue Jeans überall und von allen Menschen getragen, einschließlich Mafiosi.

Kluge Mafiosi arbeiten mit den gleichen Geschäftsprinzipien, die Strauss anwendete. Vielleicht bekommen sie nicht den ganz großen Auftrag, das Yankee-Stadion zu bauen, aber sie konzentrieren sich auf die Erfüllung der unzähligen Nebenbedürfnisse. Ein aufmerksamer Mafioso kann jedes große Projekt im Voraus auf seine potenziellen Verdienstmöglichkeiten analysieren.

Werfen wir einen Blick auf das Yankee-Stadion. Für ein so großes Bauwerk muss eine gewaltige Menge Müll und Erde entsorgt werden – ein Teil davon wird wiederaufbereitet. Der Vertrag für die Zementlieferung könnte 20 Millionen Dollar wert sein. Dann sind da noch

Stahl, Stahlstreben, Drähte, Schweiß- und Holzarbeiten. Und was ist mit der Verpflegung mehrerer Tausend Arbeiter?

Denken Sie einige Minuten über das Stadion nach und öffnen Sie Ihren Geist für die möglichen Gewinnchancen. Rasen. Erde. Kunststoffsitze. Elektronische Anzeigentafeln. Flaggenmasten. Hotdogs! Kühles Bier! Die Liste ist lang, und wir haben gerade erst begonnen. Außerdem kann so ein Bau Jahre dauern.

> *»Aktivitäten der kriminellen Unterwelt sind naturgemäß*
> *kaleidoskopartig, das heißt, sie verändern sich ständig als Reaktion*
> *auf veränderte Marktbedingungen und nutzen die vielfältigen gewinn-*
> *trächtigen Geschäftschancen aus, die die legale Welt bietet.«* [126]
> Paul Lunde, *Organized Crime*

Murray »das Kamel« Humphreys aus Chicago war immer auf der Suche nach der nächsten Geldkuh, die sich melken ließ. Er fand sie, beinahe buchstäblich, im Jahr 1930. Während sich alle Mafiosi um das Geschäft mit schwarzgebranntem Whisky prügelten, fiel Humphreys auf, dass die Nachfrage nach Milch größer war, als nach Whisky, und so gründete er Meadowmoor Dairies, um diese Nachfrage zu erfüllen. Übrigens können Sie Meadowmoor für die Einführung des Verfallsdatums auf Milchtüten danken. Kinder, die von verdorbener Milch krank werden, waren schlechte Publicity, die die Mafia nun wirklich nicht brauchte.

Wie Levi Strauss kann die Mafia Gold aufspüren, das nicht glänzt, selbst wenn es aus einem Kuheuter kommt.

Heute ist die Mafia weltweit in mehr als vierzig Ländern aktiv. Bleiben Sie jedoch bei legalen Geschäften. Levi Strauss verkauft Jeans in mehr als sechzig Ländern. Er hat die Mafia drei zu zwei übertrumpft.

Lektion 66

Geben Sie dem Fiskus seinen Anteil:
Was wir von Al Capone gelernt haben

Nur Steuerbehörden verfolgen Sie unerbittlicher als die Mafia. Als es den Gesetzeshütern nicht gelang, Al Capone für seine kriminellen Machenschaften hinter Gitter zu bringen, wandten sie sich an die Steuerbehörde. In dem Versuch, eine Anklage wegen Steuerhinterziehung zusammenzustricken, durchkämmte diese Capones Steuererklärungen und fuhr in Chicago herum und suchte Geschäfte auf, in denen Capone einkaufte. Sie zählten die Kosten von Capones Teppichen und Möbeln und aller anderen Dinge, von denen sie beweisen konnten, dass sie Capone gehörten.

Als die Steuerbehörde ihn festnagelte, bot Capone an, seine Steuerschulden zu begleichen. Zu spät – er wanderte ins Kittchen.

Nachdem Capone wegen Steuervergehen eingebuchtet war, sprach es sich in der Mafia herum: Gib Uncle Sam seinen Anteil.

Wenn einem Geschäftsmann, der der Mafia Geld schuldet, ein greifbares Unternehmen gehört, zwingt diese ihn gelegentlich dazu, sein eigenes Unternehmen fertigzumachen, indem sie sein Lager plündern, alle Außenstände des Unternehmens kassieren und gleichzeitig seine Rechnungen auftürmen lassen. Anschließend stecken sie ihm die Bude an und lassen sich von ihm die Versicherungssumme herüberreichen.

Senator Tobey: »Sie müssen sich doch an irgendetwas erinnern können, das Sie getan haben und das zu Ihren Gunsten als amerikanischer Bürger spricht. Falls dem so ist, was ist es?«[127]
Frank Costello: »Ich habe meine Steuern gezahlt.«
Kefauver-Ausschuss im Rahmen der Ermittlungen
gegen organisierte Kriminalität

Die Steuerbehörden bezeichnen ihre Steuereintreibungsverfahren nicht als Methode, um Sie »fertigzumachen«, aber sie können genauso erbarmungslos sein. Sie beschlagnahmen wirklich alles, was Ihnen gehört, bis Sie Ihre Steuerschuld beglichen haben.

Die Mafia tötet Sie womöglich, aber die Steuerbehörden foltern Sie, ohne Sie sterben zu lassen. Selbst kluge Mafiosi, die Experten darin sind, das System auszutricksen, legen sich nicht mit Uncle Sam an.

Der schwarze Gangster Leroy »Nicky« Barnes herrschte mit eiserner Faust über Harlem, hatte aber fürchterliche Angst vor Uncle Sam. Jedes Jahr gab er eine Steuererklärung über eine Viertelmillion Dollar aus »sonstigen Einnahmequellen« ab, um sich die Steuerbehörde vom Hals zu halten. Am Ende wurde er zwar festgenagelt, aber nicht von den Steuerfahndern.

Ein großer Prozentsatz der Amerikaner schummelt ein wenig bei ihren Steuern. Je größer Sie werden, desto mehr Feinde ziehen Sie an, und desto vorsichtiger sollten Sie sein! Geben Sie dem Fiskus seinen Anteil.

Lektion 67

Ein Sieg ohne anschließende Absicherung ist wie Nudeln ohne Dessert: Krisenmanagement

21. März 1981. Zehn Uhr abends auf einer Straße in Philadelphia. Ein rotbrauner Chevrolet parkt vor einer Reihenhauszeile. Don Angelo Bruno sitzt auf dem Beifahrersitz, nachdem ihn ein Mitglied seiner Mafiafamilie nach Hause gefahren hat. Während sich die beiden im geparkten Auto noch unterhalten, nähert sich ein dritter Mann und hält Bruno eine Pistolenmündung an den Kopf. Man hört das leise Klicken des Abzugs, gefolgt von einem lauten Knall. Das Gehirn, das Philadelphia zwanzig Jahre lang beherrscht hat, wird aus

seiner Schale geblasen. Der langjährige Don der Mafia von Philadelphia wurde in den Ruhestand gezwungen.

Die herrschende Mafiafamilie von Philadelphia befand sich in einer großen Krise.

Der Mörder, Antony »Tony Banana« Caponigra, war der Consigliere der Familie. Von einem Consigliere wird normalerweise Weisheit erwartet. Caponigras Verstand erwies sich allerdings als genauso verbogen wie eine Banane.

Zu jenem Zeitpunkt wusste niemand in der Familie, wer hinter diesem Mord steckte. Als Consigliere wurde Caponigra stets um Rat gefragt. Doch anstatt den Truppen nach dem Mord mit autoritativem Auftreten zu begegnen oder einen PR-Mann zu beauftragen, um die Spannungen abzubauen, versteckte sich Caponigra in Jersey und wartete die weiteren Entwicklungen ab. Er hatte keine Strategie. Er nahm einfach an, jeder würde irgendwie herausfinden, dass er Bruno auf dem Gewissen hatte und sich aus Angst ihm anschließen. Er zeigte keine Diplomatie und sah keinen Grund, Brunos Anhänger zu beschwichtigen, die selbstverständlich über seinen Tod erregt waren.

Als Caponigras eigene Männer ihn fragten, was er als Nächstes zu tun gedenke, sagte er: »Macht euch keine Sorgen.« Und dann feierte er ausgelassen seinen »Sieg«.

> »Wunschdenken ist kein Ersatz für einen strategischen Plan.«[128]
> Steve Adubato, *What Were They Thinking: Crisis Communication*

Caponigra unterlag einer ziemlichen Täuschung. In weniger als einem Monat nach Brunos Ermordung wurde Caponigras nackte Leiche im Kofferraum eines Autos gefunden. Er war zusammengeschlagen worden, sein Körper wies Würgemale auf und war mit Messerstichen übersät. Dann hatte man ihn erschossen. In seinem Mund und in seinem Arsch steckten einige Hundert-Dollar-Scheine.

Caponigras erster Fehler war, Bruno, den »freundlichen Don« zu töten, der bei den meisten Familienmitgliedern sehr beliebt war und enge Beziehungen zu anderen Mafiafamilien unterhielt. Mit ein wenig Propaganda hätte Caponigra die hohe Meinung, die alle von Bruno hatten, zum Schlechten verändern und sein Vorgehen rechtfertigen können. Caponigras zweiter und gefährlicherer Fehler war der Glaube, eine große Krise würde sich von allein auflösen.

Weil Caponigra es versäumte die Krise, die nach Brunos Ermordung folgte, anzuerkennen beziehungsweise richtig mit ihr umzugehen, brach innerhalb der Mafiafamilie von Philadelphia ein Bürgerkrieg aus, in dessen Verlauf 28 Mafiosi erstochen, erschossen und in die Luft gejagt wurden, bevor ein zeitweiliger Waffenstillstand der Gewalt ein Ende setzte. Kurze Zeit später flammten die Feindseligkeiten erneut auf.

Tony Bananas war Banane.

16. Dezember 1985. Abendliches Verkehrsgewimmel im Zentrum von Manhattan. Weihnachtseinkäufer drängen sich auf den Straßen. Ein schwarzer Lincoln rollt vor einem Steakhaus an den Straßenrand. In dem Moment, als zwei gut angezogene Männer aussteigen, feuern vier Mörder in weißen Trenchcoats und russischen Fellmützen einen Kugelhagel auf sie ab. Der mächtigste Mafiaboss und Underboss des Landes liegen tot in großen Blutlachen. Die Mörder verschwinden in der Menge.

Die Gambino-Familie befand sich in einer schweren Krise.

Jeder brutale Verbrecher kann Menschen auf der Straße erschießen, aber in den Stunden, die auf das Blutbad folgten, erwies sich John Gotti, der Auftraggeber des Doppelmords an Paul Castellano und Tommy Bilotti, als Meister des Krisenmanagements.

> *»Perseus fiel über alle seine Feinde her, bevor sie wussten, wie ihnen geschah, oder überhaupt Verdacht schöpften, und ergriff mit Gewalt den Thron, den er auf verbrecherische Weise errungen hatte.[129]*
> Livy, *A History of Rome*

Aller Wahrscheinlichkeit nach hätte dieser Doppelmord innerhalb der Gambino-Familie zu einem erbitterten Nachfolgekrieg oder einem blutigen Krieg gegen andere New Yorker Mafiafamilien geführt.

Weiteres Blutvergießen wurde jedoch folgendermaßen verhindert:

Sowohl die Gambino-Familie als auch alle anderen New Yorker Familien verlangten Aufklärung darüber, wer hinter dem Verbrechen steckte. Jede größere Nachrichtenquelle der USA berichtete über den Doppelmord. Die Mafia kann Publicity nicht leiden.

Gotti war sich nicht sicher, ob seine eigene Familie ihn ohne Weiteres als neues Oberhaupt akzeptieren würde. Daher engagierte er einen PR-Mann, den alle mochten: den schwachen, in die Jahre gekommenen, aber angesehenen Mafioso Joe Gallo (keine Verbindung zu »Crazy Joe« Gallo). Gallo berief sofort eine Konferenz mit allen *Capos* der Familie ein und versicherte ihnen, dass die Familie intakt sei. Anschließend sandte Gotti Botschaften an die anderen Familien, mit dem Inhalt, die Gambinos würden die Sache in Eigenregie ermitteln und benötigten keine Unterstützung von außen.

Nach dem Anschlag auf Papst Johannes Paul I. im Jahr 1978 gingen hochrangige Vertreter des Vatikans, die verdächtigt wurden, die Ermordung angezettelt zu haben, ähnlich vor wie Gotti, indem sie der italienischen Regierung mitteilten, sie würden den Tod des Papstes selbst untersuchen und benötigten keine Unterstützung von außen. Ob amerikanische Mafiosi oder die römische Kurie, die Philosophie der Italiener lässt sich auf Machiavelli zurückführen.

Während die anderen Familien als Zuschauer am Rand auf neue Nachrichten warteten, hatte Gotti ein kleines Zeitfenster, um seine Macht innerhalb seiner Mafiafamilie zu konsolidieren. Er wies seinen PR-Mann Gallo an, eine zweite Besprechung mit den Capos einzuberufen. Dieses Mal schlug Gallo die Wahl des nächsten Familienoberhaupts vor. Gotti war kein Student der Politikwissenschaften, aber er verließ sich instinktiv auf einen alten Trick des russischen Politbüros, in dem jeder für Stalin stimmte – andernfalls … In diesem Moment wurde den Capos klar, wer für den Doppelmord verantwortlich war, und sie stimmten einmütig für Gotti – andernfalls …

Ein guter Schachzug, aber es blieb keine Zeit für eine Verschnaufpause. Schließlich handelte es sich hier nicht um eine Gruppe Pfadfinder, die einen neuen Führer wählten. Hier waren Killer versammelt, die immer noch einen Gegenschlag planen konnten.

Als Nächstes machte Gotti potenzielle Feinde zu seinen Freunden. Mit der Übernahme des Familienzepters hatte Gotti das Machtzentrum von Staten Island und Brooklyn nach Queens verlegt. Um blutdürstige Brooklyner zu beschwichtigen, die sich ausgebootet fühlten, ernannte Gotti den charismatischen Brooklyn-Capo Frank DeCicco zu seinem offiziellen Underboss. Um die Familienveteranen zu beschwichtigen, die Gotti als jungen Aufsteiger betrachteten, ernannte er den älteren und etwas senilen Mafioso Joe Piney zum Consigliere.

Außerdem beförderte Gotti hartgesottene Mafiosi aus wichtigen Vierteln, weil er wusste, dass sie ihm im Gegenzug für ihre Beförderung Loyalität schuldeten.

Ohne einen weiteren Tropfen Blut zu vergießen und noch vor Ablauf der Woche standen die Mitglieder der Gambino-Familie vor Gottis Hauptzentrale in Manhattan Schlange, um ihren neuen Don zu küssen. In den anderen Familien herrschte zwar Verblüffung über Gottis Vorgehen, sie waren aber dennoch zufrieden, dass im Haushalt der Gambinos Ordnung war, und erlaubten Gotti, in die Rolle des Familienoberhauptes zu schlüpfen.

An genau dem gleichen Punkt nach Caponigras Coup stopften Mafiakollegen Dollarscheine in Caponigras Arsch wie in einen Getränkeautomaten.

In einer Krise müssen Sie schnell handeln, PR-Experten ernennen, die die richtigen Botschaften vermitteln, und mit aggressiver Diplomatie vorgehen. Ob Sie mit Mitarbeitern oder der Öffentlichkeit zu tun haben, gehen Sie diplomatisch vor und erweisen Sie Leuten Gefallen, um Unterstützung zu gewinnen. Eine Krise löst sich nicht von allein.

Lektion 68

Die Macht eines Elitezirkels:
Warum die Mafia die Bücher öffnet und schließt

Die Mafia besteht aus einer ausgewählten, kleinen Gruppe von Männern, welche die Gesetze der Straße beherrschen und ihre Fähigkeit zum Geldverdienen unter Beweis gestellt haben. Der Zutritt zu diesem Elitezirkel ist schon in gewöhnlichen Zeiten schwierig und unmöglich, wenn die »Bücher geschlossen« sind. Zwar ist der Einstieg heute ein wenig leichter geworden, aber in der Vergangenheit mussten Straßengangster mitunter jahrzehntelang ihre Beiträge leisten.

Selbst wenn es eine Illusion ist, die mehr Kopfschmerzen bereitet, als es sich wirklich lohnt, bietet eine Gruppe mit eingeschränkter Mitgliedschaft den Mitgliedern ein bestimmtes Statusgefühl. Je schwieriger es ist, einem Elitezirkel beizutreten, desto intensiver werden die Menschen versuchen, sich Zutritt zu verschaffen.

Jacht- und Country Clubs arbeiten auf Basis der gleichen Prämisse wie die Mafia: Um dazuzugehören, muss man Geld und Beziehungen haben. Und jeder bringt sich dafür um, dazuzugehören. Oder – im Falle der Mafia – tötet andere, um sich Zutritt zu verschaffen.

Rao's ist das Restaurant in Manhattan, in dem es am schwierigsten ist, einen Tisch zu reservieren. Das Essen ist nicht besser als in irgendeinem anderen der italienischen Spitzenrestaurants der Stadt, aber die Warteliste ist viel länger.

>*Ein Tisch im Rao's? Vergessen Sie's.*« [130]
New York Times

Warum? Rao's hat es sich zur Gewohnheit gemacht, Leuten den Zutritt zu verwehren. Und es ist ihnen wirklich scheißegal, wer Sie sind. Tatsächlich macht es ihnen umso größeren Spaß, Nein zu sagen, je wichtiger Sie sind.

Der Mitinhaber Frank »Frankie Nein« Pellegrino bekam seinen Spitznamen, weil er ständig Leute abwies. Alle Gäste, einschließlich Berühmtheiten, warten Wochen und manchmal sogar Monate auf eine Reservierung. Rao's ist ein kleines Restaurant mit lediglich zehn Tischen. Indem Rao's nur eine begrenzte Zahl an Gästen hineinlässt, hat es das Konzept des Elitezirkels auf das Restaurantgewerbe übertragen. Jeder bringt sich dafür um, dort zu essen – sogar Mafiosi, von denen viele ebenfalls abgewiesen wurden.

> *»Sie weisen einen ohne Grund ab. Es ist ihnen egal, ob Sie dich nie reinlassen. Sie müssen es exklusiv halten, oder es verliert seinen Status.«[131]*
> Joseph Luparelli, Associate der Colombo-Familie, der an dem
> Mord an »Crazy Joe« Gallo beteiligt war

Chicago-Boss Anthony Accardo war mit einer Frau namens Clarice verheiratet. Accardos Alltag färbte auf sie ab und so beschloss Clarice, ihren eigenen Elitezirkel – »The Vodka Club« – zu gründen.

Der Vodka Club bestand aus einer ausgewählten Gruppe von Frauen, die allesamt mit hochrangigen Mafiosi verheiratet waren. Sie trafen sich zum Kartenspielen, zu Klatsch und Tratsch und, wie der Name schon sagt, um Vodka zu trinken. Die Mitglieder zahlten monatliche Mitgliedsbeiträge und zahlten ihre Urlaube aus der Klubkasse. Die Frau jedes Ganoven in Chicago wollte Mitglied in diesem Klub werden. Ich frage mich nur, wie viele Mafiagattinnen ihre Männer dazu drängten, größere Verbrechen zu verüben und innerhalb der Familie aufzusteigen, nur damit die Damen in den Vodka Club aufgenommen wurden.

In der Geschäftswelt kann ein Boss einen »Klub der Spitzenverkäufer« oder einen ähnlichen Elitezirkel gründen. Jeder gute Verkäufer wird sich krummlegen, um dauerhaft dazuzugehören.

Sie können bei der Gründung eines Elitezirkels durchaus kreativ sein und aus einer witzigen Idee große Gewinne ziehen. Sorgen Sie nur dafür, dass der Kreis wirklich elitär bleibt und einem echten Zweck dient.

Lektion 69

Ruf den Scheißpolacken an und sag ihm, er soll kommen! Stellen Sie die besten Mitarbeiter ein, unabhängig von ihrer Rasse, Nationalität, Glaubenszugehörigkeit oder sexuellen Orientierung

Im Jahr 1924 machte Joe Howard, ein Gangster, der Raubüberfälle verübte, gegenüber einem jüdischen Schläger namens Jake Guzik eine antisemitische Bemerkung. Al Capone hörte davon und feuerte vor Zeugen sechs Schüsse auf Howard ab.

Einige Jahre, bevor Capone Guzik gegen ethnische Diskriminierung verteidigte, hatte er ein irisches Mädchen namens Mae Coughlin geheiratet. Gemischte Ehen waren damals unüblich. Italiener heirateten üblicherweise untereinander. Tatsächlich begann Capone eine liberale Tradition in der Chicagoer Mafia, die Juden, Griechen, Schwarzen und sogar Walisern den Zutritt zur Mafia eröffnete – und alle erwiesen sich als Geldmaschinen.

>*»Wir haben Juden, Polacken, Griechen; hier ist alles vertreten.«*[132]
> Jackie Cerone, Mafioso aus Chicago

In den 1930er-Jahren, als der amerikanische Süden seinen schwarzen Mitbürgern die gleichen Rechte verweigerte, nannte der zukünftige Mafiaboss von Louisiana, Carlos Marcello, seinen ersten Pub »The Brown Bomber« – nach dem afroamerikanischen Boxchampion Joe Louis.

Während Capone Nichtitaliener in die Unterwelt von Chicago aufnahm und Marcello im Land der Bigotterie einen schwarzen Boxer verherrlichte, kämpfte die Mafia von New York mit der Frage, ob sie andere Ethnien in ihre Kreise aufnehmen solle. Die Hardliner, angeführt von Salvatore Maranzano, misstrauten allen Nichtitalienern und verboten Geschäftsbeziehungen mit Außenstehenden. Die progressive Fraktion, angeführt von »Lucky« Luciano, bestand darauf, dass rassische und religiöse Vorurteile reine Ignoranz seien, durch die der Mafia Heerscharen von talentierten Männern entgingen.

Am 10. September 1931 wurde dieser Konflikt in Manhattan gelöst, als Maranzano den Auftragsmördern von Luciano zum Opfer fiel.

Um die Ermordung auch noch buchstäblich zur Beleidigung zu machen, beauftragte Luciano vier jüdische Mörder, Maranzano zu beseitigen. Von diesem Tag an verlangten die New Yorker Mafiafamilien zwar italienisches Blut für eine offizielle Mitgliedschaft – Luciano war stets zu Kompromissen bereit –, aber ihre Türen standen jedem offen, der für die Familie Geld verdiente.

Bis zum heutigen Tag hat so gut wie jede Mafiatruppe in New York einen echten Juden in ihren Reihen. Bei meinem Prozess waren zwei hart gesottene Juden beteiligt, die zu meinen Leuten gehörten.

> *Ich glaube, [Mafiosi] sind die am wenigsten rassistischen Menschen der Welt. Sie sind einfach nur gierig. Die einzige Farbe, die ihnen etwas bedeutet, ist grün – die Farbe des Dollars. Sie machen einfach ihr Ding. Nationalität, Religion oder sonst was ist ihnen scheißegal. Spielt einfach keine Rolle.*[133]
> Sammy »der Bulle« Gravano

Mafiosi nehmen es mit rassischen Beleidigungen nicht so genau und lieben Ethno-Witze, aber sie machen ihr Geld mit irischen, schwarzen, griechischen, russischen und chinesischen Mafiosi. Nicht weil die Gesellschaft sie dazu zwingen würde – ganz offensichtlich scheren sie sich nicht um die gesellschaftliche Moral –, sondern weil es einfach clever ist.

Was Frauen betrifft, macht die amerikanische Mafia Geschäfte mit ihnen, betrachtet sie aber als Bürger zweiter Klasse. Die italienische Mafia hat eine wesentlich liberalere Haltung gegen Frauen entwickelt.

In Italien kontrollierte Anna Mazza, »Die Schwarze Witwe« genannt, ihre eigene Mafiafamilie, nachdem ihr Mann 1976 ermordet wurde. Sie pflegte Beziehungen zu Politikern und verfolgte die

Wirtschaftsinteressen der Familie. Pupetta Maresca oder auch »Madame Camorra« erschoss am hellichten Tag eigenhändig den Mörder ihres Mannes. Nachdem sie ihre Gefängnisstrafe abgesessen hatte, kehrte sie mit einer ehrenvollen Reputation auf die Straße zurück und übernahm viele Mafiageschäfte, die normalerweise von Männern beherrscht werden. Maria Serraino war ein weiblicher »Don«, die zu lebenslang verknackt worden war, und Giusy Vitale, auch »Die Patin« genannt, war das Oberhaupt einer der mächtigsten Mafiafamilien Siziliens.

> *»Die Frauen waren reine Managerinnen, Unternehmerinnen und Leibwächterinnen. Sie waren besser im Geschäft, weniger von ostentativen Machtdemonstrationen besessen und weniger konfliktorientiert.«*[134]
> Roberto Saviano, *Gomorrha*

Immacolata Capone, die Bauaufträge von Lokalpolitikern an Land zog, war die treibende Kraft hinter dem Aufstieg der Mafia an die Spitze der Bauindustrie in Neapel. Obwohl sie von weiblichen Leibwächterinnen beschützt wurde, waren die meisten ihrer Sgarriste Männer. Als weiterer Beweis für die Gleichbehandlung von Frauen durch die italienische Mafia wurde sie von Auftragsmördern auf der Straße erschossen, als sie als Boss ihre Grenzen überschritt. Nun, so ist das mit der Gleichberechtigung – sie findet auch im Negativen Anwendung.

In den 1970er-Jahren erhielt der jugoslawische Diktator Marshall Tito Besuch von der zukünftigen britischen Premierministerin Margaret Thatcher. Während sie über Madame Mao sprachen, die sich nach dem Tod ihres Mannes in die chinesische Politik einzumischen schien, ergriff Tito die Gelegenheit, Thatcher einen Stich zu versetzen, indem er sagte: »Ich halte nichts davon, wenn sich Frauen in die Politik einmischen.«

Thatcher antworte scharf wie ein Rasiermesser: »Ich mische mich nicht in die Politik ein, ich bin die Politik.«[135]

Lektion 70

Ein wenig Geben und Nehmen: Gastfreundschaft

Der sizilianische Mafiaboss Benedetto Spera war jahrelang auf der Flucht. Dabei brauchte Spera die Hilfe zahlreicher Ganoven, von denen einige ihn bei sich zu Hause versteckten. Da es illegal ist, einem Kriminellen Unterschlupf zu gewähren, riskierten alle Familien, die ihm halfen, ihre Freiheit.

Um eine Festnahme zu vermeiden, schleppten Speras loyale Untergebene ihn mitten in der Nacht von hinnen nach dannen, durchs Gebirge und durch Matsch und Eselsscheiße.

Als Gast im Haus seiner Männer legte Spera die Füße aufs Sofa und spielte den großen Macker. Als ob es nicht demütigend genug war, seine Männer vor ihren Familien herumzukommandieren, machte er ihren Ehefrauen das Leben mit unaufhörlichen Forderungen zur Hölle.

> *»Sein Charakter und seine Manieren*
> *machten seine Macht verhasst.«* [136]
> Plutarch, *The Life of Theseus*

Speras Männer wurden bei Gesprächen abgehört, in denen sie sich über sein Verhalten beklagten: »Ich bin kaum zu Hause gewesen.« [137] «»Eigentlich bin ich der Flüchtling.« [138] »Wir sind seine Sklaven.«

Es kann kaum überraschen, dass Spera irgendwann verraten wurde. Wer auch immer die Polizei anrief, muss nach dem Anruf einen Freudentanz aufgeführt haben. Stellen Sie sich die Party vor, die Speras Männer feierten, als er in Handschellen abgeführt wurde. Wahrscheinlich dachte die Polizei, auf sie würde geschossen. Dabei war das nur der Knall von Champagnerkorken.

Im Gegensatz zu Spera wurde ein anderer sizilianischer Mafiaboss, Bernardo Provenzano, der vierzig Jahre lang auf der Flucht war, nie verraten. Provenzano genoss die Gastfreundschaft zahlloser Haushalte und zeigte seine Dankbarkeit auf jede erdenkliche Weise. Nachdem seine Gastgeber für ihn gekocht hatten, wusch er die Teller ab und wischte den Boden.

Als Provenzano schließlich festgenommen wurde, fragte er den Polizisten, der ihn verhaftet hatte, ob ihn jemand verraten habe. Er muss erleichtert gewesen sein, als er erfuhr, dass die reine Ermittlungsarbeit zu seiner Festnahme geführt hatte.

Provenzanos Dankbarkeit gegenüber vielen Menschen, die ihm Kleidung und Nahrung gaben und ihn vier Jahrzehnte lang versteckten, wurde sehr geschätzt – niemand hatte ihn verraten.

> *»Ich werde persönlich für Sie kochen.«*
> Don Carlos Marcello lädt Senator Estes Kefauver
> zu sich zum Abendessen ein.

Wenn Sie der Boss sind, werden sich Ihre Leute darum reißen, Ihnen ein guter Gastgeber zu sein. Betrachten Sie das nicht als Selbstverständlichkeit, wie es Spera tat. Zeigen Sie wie Provenzano Ihre Wertschätzung. Und seien Sie selbstverständlich selbst ein guter Gastgeber.

Lektion 71

Geben Sie der Garderobenfrau Trinkgeld: Großzügigkeit

Mein Freund »Fat George« DiBello war der gute Geist in John Gottis Gesellschaftsklub in Queens. Wenn er an geschäftigen Abenden an der Bar arbeitete, machte George ein paar Hundert Dollar an Trinkgeld. Die meisten Mafiosi waren großzügig, aber einer stach dabei besonders heraus: Joe Watts.

*»Eine Sache, die Santo [Trafficante] wirklich tat,
war Trinkgeld zu geben. Und er war großzügig.«* 148
Frank Ragano

Wenn Joe George um ein Glas Leitungswasser bat, ließ er einen Hunderter auf dem Tresen. Wenn George sein Glas nachfüllte, legte er einen weiteren Hunderter hin, und bevor Joe den Klub verließ, ließ er einen dritten Hunderter an der Bar. Dreihundert Dollar für zwei Gläser rostiges Leitungswasser.

Joe Watts begann als enger Vertrauter von Don Carlo Gambino. Als Carlo starb, wurde Joe zum Großverdiener und Berater von Paul Castellano. Als Castellano umgebracht wurde, wurde Joe die rechte Hand von John Gotti. Nur wenige Edelleute haben die Hofintrigen drei verschiedener Könige überlebt. Joe überlebte sie nicht nur, sondern wurde unter jedem König noch reicher.

Es gibt eine lange Liste mit darwinistischen Eigenschaften, die für Joes Überleben verantwortlich gewesen sind, aber als großzügigster Mann der Mafia bekannt zu sein, hat sicher dabei geholfen.

Ich habe Joe im Gefängnis näher kennengelernt. Nachdem ich mehrere Spitzenanwälte – alles Wichser – angeheuert und gefeuert hatte, kam er zu mir und sagte: »Warum versuchst du es nicht mit Charles Carnesi?«

Carnesi hatte einige Gambino-Mafiosi verteidigt, aber das war, bevor er als führender Berater von John Gotti Jr. berühmt-berüchtigt wurde. Joe rief Carnesi an und dieser stattete mir einen Besuch im Gefängnis ab. Nach unserem Gespräch beschloss ich, Carnesi zu behalten und fragte ihn, wie viel Vorschuss er kassierte.

»Den habe ich schon«, antwortete Carnesi. »Joe hat sich darum gekümmert. Er hat heute Morgen jemanden in mein Büro geschickt.«

Es ist üblich, dass ein angeklagter Mafioso einem Anwalt, der einen potenziellen Zeugen vertritt, der unter Umständen gegen ihn aussagen könnte, den Vorschuss bezahlt. Das ist nicht großzügig, sondern klug. Aber Joe schuldete mir nichts. Er und ich waren nicht in dem-

201

selben Prozess angeklagt. Joe tat das aus reiner Freundlichkeit und Großzügigkeit.

> *»Wenn ein Mafioso starb, flog Santo [Trafficante] in die jeweilige*
> *Stadt und überreichte der Witwe stets einen Umschlag mit Geld.*
> *Auf diese Weise zollte er einem gefallenen Freund Respekt.«*[140]
>
> Frank Ragano

Selbst in der Mafia gilt Barmherzigkeit als Tugend und sie bestraft jeden Mafioso hart, der karitative Initiativen dazu benutzt, Leute zu betrügen.

Im Jahr 1976 nahm First Lady Rosalynn Carter an einer Fundraising-Veranstaltung mit Sektenführer Jim Jones teil. Jones siedelte später nach Guayana über und veranlasste die Ermordung von neunhundert Männern, Frauen und Kindern.

Der Gambino-Sgarrista Jimmy Eppolito muss von der Naivität der First Lady gehört haben. Er beschloss, ihr gutes Herz auszunutzen und schaffte es, dass die First Lady seine karitative Organisation »The International Children's Appeal« bewarb.

Eppolito scheffelte mit dieser Organisation viele Millionen Dollar. Ich nehme an, er hatte das Gefühl, er verdiene das Geld mehr als arme, verlassene Kinder mit angeschwollenen Bäuchen und Fliegen in den Augen. Außerdem benutzte er diesen Fonds, um Drogengelder zu waschen. Ein sympathischer Zeitgenosse.

Mrs. Carter wurde an der Nase herumgeführt und lud Eppolito nach Washington ein, damit einige Fotos von ihnen beiden gemacht würden. Mrs. Carter mit einem Auftragsmörder der Mafia. Mrs. Carter mit einem brutalen Sektenführer. Wenn wir immer noch neugierig sind, wer wirklich hinter Jack the Ripper steckte, lohnt es sich, durch Mrs. Carters alte Fotoalben zu blättern.

Jedenfalls bescherten die Mafiafotos den Medien einen wahren Freudentag. Komödianten, Late-Night-Shows – alle lästerten, was das Zeug hielt.

Die Mafia fand das allerdings überhaupt nicht zum Lachen. Umgehend wurde Eppolito zum Abschuss freigegeben und ermordet. Die Mafia empfand seine Betrügereien als Schande, weil sie immer stolz darauf war, bei karitativen Initiativen absolut legal und ehrlich vorzugehen.

Im Jahr 2004 ehrte Helen Marshall, Präsidentin des Gemeindebezirks Queens den Genovese-Mafioso Anthony »Tough Tony« Federici für seinen Dienst an der Gemeinde. Im Jahr 2007 ehrte Serphin Maltese, Senator des Staates New York, den Bonanno-Sgarrista Vito Grimaldi für seinen Dienst an der Gemeinde.

> *»Viele arme Familien in Chicago halten mich für den Nikolaus.«*[141]
>
> Al Capone

Die Großzügigkeit geht auf die frühen Tage der Mafia zurück. Frank Costello war Präsident mehrerer karitativer Organisationen, darunter auch die Männersparte der Heilsarmee. Der schwarze Gangster Bumpy Johnson verteilte zum Thanksgiving in seinem armen Stadtviertel Harlem Truthähne. Louisiana-Boss Carlos Marcello spendete den Pfadfinderinnen »Girl Scouts of America« einmal 10.000 Dollar. Das ist eine Menge Kies. Er bat sie, darüber Stillschweigen zu bewahren. Das taten sie allerdings nicht, sondern quiekten in den höchsten Tönen. Erinnern Sie sich an das Schild über Marcellos Tür mit der Aufschrift: »Drei können ein Geheimnis wahren, wenn zwei tot sind«? Ich bin ziemlich sicher, dass er wusste, dass die Nachricht von seiner Spende durchsickern würde, aber ich nehme an, er hielt das für eine Image fördernde Sache.

Genau wie Geschäftsleute wissen Mafiosi, dass es klug ist, Geld zu spenden, vor allem, wenn damit ein wenig Presse verbunden ist. Das ist kostengünstige Werbung. Mafiosi müssen allerdings auch spenden, wenn niemand hinsieht.

Ich habe nie einen Mafioso kennengelernt, mich selbst eingeschlossen, der nie einem Bettler oder Scheibenputzer – die Jungs, die früher an jeder Ampel in Manhattan auf dein Auto zurannten und mit einem Lumpen die Windschutzscheibe putzten – einen Zwanziger in die Hand gedrückt hätte. Vielleicht gibt das Trinkgeld uns, die wir so viel Schlechtes verbrochen haben, ein besseres Gefühl. Oder vielleicht hofften wir, wir könnten uns damit Schutz vor allem Bösen erkaufen – so wie Knoblauch vor Vampiren schützt.

> *»[Capone] sagte, wir müssten alle den Gürtel ein wenig enger*
> *schnallen, um den armen Typen zu helfen, die keine Arbeit haben.«[142]*
> Gefolgsmann von Capone

Anstatt um Münzen zu betteln, boten die Scheibenputzer einen Dienst an. Anders als ich und meine Freunde waren sie bereit zu arbeiten, und nicht zu stehlen. Traurigerweise waren die meisten New Yorker mit dieser Begründung nicht einverstanden und fühlten sich von ihrer Präsenz gestört. In den 1990er-Jahren erließ der Bürgermeister Rudolph Giuliani als Antwort auf die sich häufenden Beschwerden ein Gesetz, das diese Art Dienstleistung verbot. Ohne Ausbildung, Chancen oder Unterstützung verlegten sich viele ehemalige Scheibenputzer auf Kleinkriminalität und bestahlen die Menschen, die ihnen nicht erlaubten, im Gegenzug für eine Münze eine Dienstleistung anzubieten.

Im England des 17. Jahrhunderts galt Betteln als öffentliches Ärgernis. Bettler wurden von der Straße gejagt. Anschließend folgten im selben Jahrhundert die große Pest und das große Feuer von London. Diesen Katastrophen fielen 80 Prozent der Stadtbevölkerung zum Opfer.

Am 11. September wurde New York hart getroffen. Ich sage nicht, dass Gott uns für die Vertreibung der Scheibenputzer bestraft; das wäre eine verrückte Behauptung. Aber wenn sich Tragödien ereignen, ist es gut, ein reines Gewissen zu haben. Haben Sie Mitgefühl mit Habenichtsen. Ein barmherziger Mafioso stiehlt von den Reichen, gibt aber den Armen. Wer gibt, bekommt das Zehnfache zurück, und Geben schützt uns vor dem Bösen – genauso wie Knoblauch.

Lektion 72

Essen und trinken Sie, und seien Sie produktiv: Die einzige Bestechung, die ich Ihnen empfehlen kann

Dieser Typ, Tony, verlor seinen Job und eröffnete eine Spielhölle in Ozone Park. Das war Mafiagebiet, also bat Tony den lokalen Mafioso um eine Betriebslizenz. Sein Laden war seit ungefähr einem Monat geöffnet, als ich ihn zufällig traf und ihn fragte, wie das Geschäft laufe.

»Machst du Geld?«

»Scheiße«, sagte er verdrossen. »Wenn das nicht besser wird, muss ich dichtmachen.«

»Ich will kein Schutzgeld von dir«, versicherte ich ihm. »Du zahlst ja schon an wen.«

»Nee, Mann, kein Scheiß. Vielleicht ist es der Standort.«

Tonys Spielhölle befand sich im Hinterzimmer eines Warenhauses. Die Spieler mussten sich durch Produktpaletten zwängen, um dorthin zu kommen, aber Zocker trekken in den Regenwald am Amazonas und kämpfen mit Würgeschlangen, um Karten spielen zu können.

»Es ist nicht der Standort«, sagte ich. »Gibt's bei dir auch was zu essen?«

»Erdnüsse. Ich stelle ein paar Schalen hin.«

»Was sind deine Kunden, Elefanten? Stell Warmhalteplatten mit Ziti* und Manicotti** hin. Was kann dich das kosten, einen Hunni pro Abend? Und schenk Sprit aus, um sie lockerzumachen. Ein paar Drinks, und sie sind glücklich, sogar ihre Hosen zu verlieren.«

»Du glaubst, mein Problem ist das Essen?«

---

*   Eine Art Penne (A.d.Ü.)
**   Eine Art Cannelloni, aber breiter und größer (A.d.Ü.)

»Klar. Jeder isst gerne.«

Eine kostenlose Mahlzeit ist nie kostenlos, aber das weiß niemand. Als Mafioso könnte ich in Atlantic City 10.000 Dollar verpulvern und damit prahlen, dass man mir ein Prime Rib Steak aufs Haus serviert hat. Ein Superscheißgeschäft. Ein lumpiges Steak. Für zehn Mille hätte ich eine ganze Herde Bullen kaufen können.

Tony befolgte meinen Rat und begann, in seiner Spielhölle richtiges Essen zu servieren. Das sprach sich herum, und die Bude füllte sich. Einige Monate später traf ich ihn zufällig wieder.

> *»Nach dem Geschäft servierte Carlos seinen Getreuen*
> *Essen und Trinken.«*
> John H. Davis, *Mafia Kingfish*[152]

»Läuft super«, erzählte er mir. »Die Sache mit dem Essen hat hingehauen. Ein paar Schnorrer kommen in erster Linie zum Essen, aber selbst die zocken lange genug, dass sich das Essen bezahlt macht.«

»Polizisten oder Feuerwehrmänner?«

»Beide. Woher weißt du das?«

»Sie denken immer, sie bekommen was umsonst«, antwortete ich. »Die sind schlimmer als wir.«

Mein Cousin Don hat eine Spenglerei mit sechzig Angestellten. Jeden Freitagnachmittag bestellt er 60 Pizza Pies mit Belag. Seine Arbeiter tanzen Salsa – in der einen Hand ein Stück Pizza Pie, in der anderen einen Schraubenschlüssel.

Viele Unternehmen verpflegen ihre Mitarbeiter, um sie an ihren Schreibtischen zu halten und sie schneller wieder zurück an die Arbeit zu bringen. Das ist eine vernünftige Managementmethode, die mindestens bis zur Renaissance zurückreicht.

Geschäftsmittagessen, Rendezvous zum Abendessen, Geburtstage und Bankette – alles was wir tun, dreht sich ums Essen. Sehen Sie sich die ganzen Kochsendungen im Fernsehen an. Haben Sie jemals darüber nachgedacht, wie viele Dinge in Restaurants passieren? Ein Mann macht einen Heiratsantrag, Freundschaften werden geschlossen, Familien lachen, Geschäftsleute tüfteln etwas aus, Mafiosi flüstern. Jeder albert mit einer Gabel Essen im Mund herum.

> *»[Tony] Bananas lud donnerstags immer zu einem großen Mafia-Dinner ein. Die Gäste kamen aus Philadelphia, Atlantic City und New York für einen Abend mit gutem italienischem Essen und Trinken. Manchmal bewirteten wir vierzig oder fünfzig Jungs.«[144]*
> George Fresolone und Robert J. Wagman, *Blood Oath*

Sigmund Freud zufolge wird das menschliche Verhalten von sogenannten »Überlebensinstinkten« getrieben. Unser starkster Instinkt, so Freud, ist die Suche nach Nahrung. Helfen Sie den Menschen, diese zu finden, und Sie sind der Boss.

Mindestens einmal pro Woche lädt jeder Mafioso, der etwas auf sich hält, in seinem Gesellschaftsklub groß zum Essen ein. Er kauft sich Loyalität mit Essen. Oft führt der Weg zum Herzen der Menschen durch ihren Magen.

Zwar werden unterschiedliche Quellen genannt, aber es wird überliefert, dass Königin Marie Antoinette mitgeteilt wurde, das französische Volk würde hungern.

»Sie sind arm und können sich kein Brot kaufen«, sagte ein besorgtes Mitglied ihres Hofes.

»Dann sollen sie Kuchen essen«, antwortete Marie Antoinette.

Wir mögen über ihre Naivität lachen, aber sie hatte recht. Das Problem war, dass sie den verdammten Kuchen nie buk und ans Volk verteilte. Das hätte ihr den Arsch – oder besser gesagt, ihren Kopf – retten können.

Die US-Bevölkerung macht fünf Prozent der gesamten Weltbevölkerung aus und ihr Anteil an den weltweiten Gefängnisinsassen beträgt 25 Prozent.

Wie verhindern wir, dass so viele Häftlinge einen Aufstand anzetteln? Zum Teil, indem wir ihnen Kuchen geben. Ich mache keine Witze. Im Gefängnis habe ich viele Tausend Männer gesehen, deren Strafen viel schlimmer waren, als das Verbrechen, das sie begangen hatten. Sie fluchten und klagten, aber niemand sprach je von einer Revolte.

Dann wurde eines Abends das Essen ohne Dessert serviert. Der Küche waren die Süßigkeiten ausgegangen. In weniger als einer Minute flogen Tabletts durch die Luft und Tische wurden umgeworfen. Der Manager des Zellentraktes, ein ziviler Verwalter, der über den Aufsehern steht, rief mich in sein Büro, weil er wusste, dass ich gut mit den anderen Mithäftlingen auskam. Er fragte mich, ob ich sie beruhigen könne, bis er Eistüten beschaffen konnte. Eine Stunde später sah ich mit größtem Erstaunen, wie eine Meute hartgesottener Kerle glücklich wie frisch gewickelte Babys an ihren Schnullern lutschten.

Lektion 73

Ich komme heute Abend zum Überfall: Der zupackende Boss

Anfang der Neunziger brach in New Yorks Colombo-Familie der zweite Bürgerkrieg in dreißig Jahren aus. Die Persico-Fraktion lieferte sich einen Krieg mit der Orena-Fraktion über die Frage, wer das unumstrittene Familienoberhaupt sein würde.

Carmine »die Schlange« Persico war der Führer der Persico-Fraktion. Zuvor hatte er sich im Schlachtfeld von Brooklyn etabliert und trug die Narben als Beweis. Persico hatte im ersten Colombo-Krieg eine Menge Feinde umgebracht und wurde ins Gesicht geschossen, was ihn für das Purple Heart – die Verwundetenauszeichnung der amerikanischen Streitkräfte – qualifizierte, mit der Ausnahme, dass die Mafia keine Medaillen verleiht.

Victor »Little Vic« Orena war der Führer der Gegenfraktion, zumeist »Jungtürken« und einige wenige Veteranen.

Persico war stets ein zupackender Boss gewesen, aber während des zweiten Kriegs wurde er inhaftiert – was ihn zu einer Art Kriegsgefangenen machte. Seine Männer kämpften ohne ihn.

Orena, damals noch ein freier Mann, war ebenfalls ein zupackender Boss. Er war bei seinen Männern sehr beliebt, äußerst zugänglich und immer bereit, sich die Hände schmutzig zu machen.

Während des Kriegs hätte Orena auf die Bermudas fliegen und die Gefechte von einem Strandhotel aus koordinieren können. Schließlich war Persico auch nicht auf dem Schlachtfeld. Aber jeder, einschließlich Orena, wusste, dass Persico im Schützengraben gelegen hätte, wenn er nur gekonnt hätte.

Um gegen einen Mann anzutreten, der wie Persico den Ruf eines zupackenden Bosses hatte, musste Orena ein Kommandeur auf dem Schlachtfeld sein. Das fiel ihm nicht schwer. Ich kannte Little Vic. Es lag nicht in seiner Natur, Befehle von einem Elfenbeinturm herunterzuschreien. Wenn Orena in einem Turm gesichtet wurde, dann, weil er seinen Männern dabei half, den Invasionstruppen kochendes Öl auf die Köpfe zu gießen.

Orena war ein zupackender Boss, der mit auf Einsätze ging und neben seinen Männern auf dem Fußboden schlief, wenn sie sich auf die Matratze rollten.

Es war ein langer, erbitterter Krieg, der viele Opfer forderte. Die Persico-Fraktion gewann am Ende kampflos, als Orena vom FBI verhaftet und lebenslänglich hinter Gitter geschickt wurde. Es hätte aber auch anders ausgehen können, weil Soldaten bereit sind, ihr Leben für einen zupackenden Boss zu opfern.

Dem vergleichbar sind Mitarbeiter bereit, für einen zupackenden Boss härter und länger zu arbeiten.

Gehen Sie raus. Treffen Sie Leute. Besuchen Sie die Geschäfte, Warenlager, Transportlager und Montagehallen. Schütteln Sie Kassiererinnen und Lastwagenfahrern die Hand. Ziehen Sie Ihre Levi's an und machen Sie sich schmutzig.

Wenn Sie planen, mit Unternehmen zu konkurrieren, die zupackende Bosse haben, dann tun Sie gut daran, selbst ein zupackender Boss zu sein.

> Wie Persico und Orena waren auch die Erzrivalen Napoleon Bonaparte und der Duke of Wellington zupackende Bosse.
>
> Wellington schrieb dem kleinen Korsen große Verdienste zu, indem er sagte: »Napoleons Anwesenheit auf dem Schlachtfeld war 40.000 Mann wert.«[145]
>
> Weil er wusste, dass er einem einsatzbereiten Führer wie Napoleon gegenüberstand, musste Wellington ebenfalls einsatzbereit sein.
>
> Damit gelang es ihm schließlich, Napoleon zu besiegen. Einst sagte er über seinen eigenen Erfolg: »Der wahre Grund, warum ich mit meiner Kampagne erfolgreich war, lautet, dass ich immer vor Ort war – ich sah alles und habe mich aktiv am Kampfgeschehen beteiligt.«[146]

Lektion 74

Ein harter Kerl hat Eier, ein schlauer Kerl hat Kristallkugeln: Voraussicht

Während die frühen sizilianischen Amerikaner wie Maranzano die Türen für Außenstehende verschlossen, besaß »Lucky« Luciano die Voraussicht zu erkennen, dass Amerika ein Schmelztiegel war, und dass das maximale Potenzial an Mafiageschäften von harmonischen Beziehungen zu anderen ethnischen Banden abhängen würde. Wie zuvor erwähnt, bestand Lucianos Kompromiss – und jeder herausragende Führer muss Kompromisse eingehen – darin, dass ausschließlich hundertprozentig italienischstämmige Männer in die Borgatas, das heißt in diesem Fall, eine Mafiafamilie aufgenommen wurden. Diese durften und wurden sogar dazu ermutigt, mit Nichtitalienern zusammenzuarbeiten.

Mithilfe von Lucianos Voraussicht gelang es der Mafia, Heerscharen von talentierten Leuten anzuziehen, die ihr ein Jahrhundert des Wohlstands bescherten.

Meyer Lansky und Bugsy Siegel waren zwei Juden, denen die Vision von Las Vegas zu verdanken ist.

Heute besuchen jedes Jahr 40 Millionen Menschen den Vegas Strip. Haben Sie sich je gefragt, was Siegel wohl denken würde, wenn wir ihn heute vom Flughafen abholen und über den Strip fahren würden? Ich wette, er wäre freudig erregt, aber nicht allzu überrascht.

Schließlich erkannten auch die Paten von New York und Chicago das massive Potenzial von Vegas und sandten ihre Leute aus, um die Kasinos zu infiltrieren.

Florida-Boss Santo Trafficante verpasste diesen Zug. Er glaubte, das kubanische Havanna würde das nächste heiße Zockerparadies werden und lud Geld und Männer in Kubas Riviera Hotel und Kasino ab. Damals hatte Trafficante den kubanischen Diktator Fulgencio Batista in der Tasche. Dennoch sicherte Trafficante seine Wette ab und belieferte einen jungen Revolutionär namens Fidel Castro mit Geld und Waffen, für den Fall, dass Castro die Macht ergreifen wollte, was er dann ja auch tat. Trafficantes Vision löste sich allerdings in Luft auf, als Castro seine Unterstützer aus der Mafia verriet und sie aus Kuba verbannte. Trafficante wurde in ein kubanisches Gefängnis gebracht, bevor er in die Staaten deportiert wurde.

Allerdings ließ sich Trafficante davon nicht abschrecken. Zunächst unterstützte er die Konterrevolutionäre, in der Hoffnung, wieder in Kuba Fuß fassen zu können. In der Erkenntnis, dass das noch einige Zeit dauern könnte, machte Trafficante andere Pläne. Hier sehen wir die Bedeutung von Flexibilität: Wenn ein Traum platzt, verfolgen Sie einen anderen.

Die kubanische Revolution löste einen Massenexodus aus. Fast alle Exilkubaner landeten in Miami. Trafficante, der fließend Spanisch sprach, verlegte den Hauptsitz seiner Aktivitäten von Tampa nach Miami und etablierte sich an dem Ort, an dem seiner Überzeugung nach der nächste Wirtschaftsboom stattfinden würde. Innerhalb von kurzer Zeit gewann Trafficante die alleinige Kontrolle über alle Mafiageschäfte in Miami, während sich alle anderen amerikanischen Mafiabosse um ihren Anteil an Las Vegas prügelten.

»Joe hatte einen genialen Blick für Dinge,
die später etwas wert sein würden.«[147]
Rose Kennedy beschreibt ihren Mann, Joe Kennedy, ein korrupter
Geschäftsmann, der einen Großteil seines Vermögens
mit Gangstern machte

Trafficante gab niemals auf. Außerdem sah er vor seinem geistigen Auge schon früh eine steigende Anzahl von Rentnern und Pensionären aus nördlichen Bundesstaaten, die vor der Kälte flüchten und in der Sonne von Florida Linderung für ihre arthritischen Knochen suchten. Was würden die Gruftis brauchen?, überlegte sich Trafficante. Sonnenbrillen? Bermudashorts? Kniestrümpfe und Sandalen? Hörgeräte? Multivitaminpillen? Hängt davon ab? Warm, wärmer, heiß – ein Krankenhaus!

Trafficante investierte in ein Krankenhaus.

Voraussicht. Die besten Mafiabosse besitzen sie. Weiter vorauszudenken als alle anderen, heißt, zu den Besten zu gehören.

Lektion 75

Unterschätzen Sie nie Ihren Gegner

Russische Männer sind harte Burschen. Russische Frauen sind noch härter drauf. Stellen Sie sich vor, wie hartgesotten russische Gangster sind. Ich habe viele kennengelernt. Es wundert mich nicht, dass die Russen die Ersten waren, die die Nazikriegsmaschine zum Stehen brachten.

Der russisch-amerikanische Mafiaboss Marat Balagula war einer der härtesten, alten Männer, die ich je getroffen habe. Außerdem war er ein kriminelles Genie. In Partnerschaft mit der italienisch-amerikanischen Mafia wickelte er millionenschwere Geschäfte ab. Darüber hinaus gehörten ihm Nachtklubs und Restaurants und sogar eine Diamantmine in Afrika. (Wie kommt ein Russe aus Brighton Beach an eine Diamantmine in Afrika? Netzwerkarbeit. Vergessen Sie keine der Lektionen aus diesem Buch.)

Balagula arbeitete mit den Italienern zusammen, weil sie organisiert und effizient waren, und zwar mehr als seine russischen Kollegen, die damit beschäftigt waren, sich ein solides Standbein in Brooklyn aufzubauen. Dort hatten die Italiener mehr als ein Jahrhundert vor Ankunft der russischen Gangster bereits ihre Flagge gehisst. Die Partnerschaft mit den Italienern war ein kluger Schachzug Balagulas, seine russischen Gangsterkollegen fühlten sich jedoch ausgebootet und desertierten.

Vladimir Reznikov war einer dieser Russen. Reznikov hatte ein Mordunternehmen im russischen Stil aufgezogen. Er tötete für sich und für andere, die bereit waren, für seine Dienstleistung zu bezahlen. Als Sadist folterte Reznikov viele seiner Opfer. Als Reznikov den Umfang von Balagulas Mafiageschäften erkannte, wollte er mitmischen.

Reznikov stellte sich bei Balagula persönlich vor, indem er eine Maschinengewehrsalve in Balagulas Büro abfeuerte und dabei einen von Balagulas Freunden tötete. Nachdem er seine Visitenkarte abgegeben hatte, hakte Reznikov mit einem Besuch in einem von Balagulas Nachtklubs nach. Hier setzte er Balagula die Pistole an die Schläfe und verlangte einen Anteil von jedem Cent, den Balagula verdiente.

An diesem Punkt war eine unterdrückte Explosion zu hören. Das war allerdings keine Pistole, sondern ein Furz. Balagula schiss sich in die Hose. Außerdem erlitt er einen massiven Herzanfall, erholte sich aber in Nullkommanichts. Abgesehen von dem Furz war Balagula aber niemand, der die Flucht ergriff, sondern ein Kämpfer. Er erwies sich als noch bösartiger und niederträchtiger als der Ganove, der sich ihm in den Weg stellte.

Klugerweise erzählte Balagula Reznikov alles, was dieser hören wollte und besuchte anschließend seine Geschäftspartner, die Italiener, und berichtete ihnen, was Reznikov gemacht hatte. Er fügte hinzu, Reznikov reiße in der ganzen Stadt sein Maul auf und erzähle jedem, der es hören wolle, dass die Italiener »fett und schwach« geworden waren und damit unfähig seien, ihre Interessen – in diesem Fall Balagula – zu verteidigen.

Hier ist ein weiteres hervorragendes Beispiel dafür, wie sich die Geschichte wiederholt: Kurz vor Ausbruch des Zweiten Weltkriegs waren die Japaner zu der gleichen Schlussfolgerung über die Amerikaner gelangt, wie Reznikov über die italienisch-amerikanische Mafia. Japan glaubte, die Amerikaner seien »fett und schwach« geworden und nicht in der Lage, ihre Interessen zu verteidigen.

Sicher, auf einen Großteil von Amerika traf und trifft das zu. Eine Ernährung, die aus McDonald's, Dunkin' Donuts und ähnlichem Junkfood besteht, bringt keine schlanken, athletischen Männer hervor.

Aber die jungen Marines, die Guadalcanal verteidigten und die Strände von Iwo Jima erstürmten, waren durchtrainierte Kampfmaschinen. Die Japaner verschluckten sich an ihren eigenen Worten. Reznikov stand kurz davor, sich ebenfalls zu verschlucken.

Als Reznikov zurückkehrte, um die erste Rate von Balagula zu kassieren, näherte sich ihm ein junger Mann namens Joey Testa, der immer schneller ging, je näher er Reznikov kam. Joey war nicht fett. Er war 1,80 Meter groß, schlank und muskulös. Joey war auch nicht schwach. Einige der Männer, die er umgebracht und in Autokofferräume gestopft hatte, hatten buchstäblich dreihundert Pfund Totgewicht. Joey schrie nicht »semper fi«*, aber wie die tapferen Marines, die Amerikas Interessen im Ausland verteidigten, glaubte Joey

---

* Abkürzung von »semper fidelis« (»immer treu«), dem Motto des U.S. Marine Corps. (A.d.Ü.)

an den Leitsatz »Lieber tot als entehrt« und war eifrig darauf bedacht, die Interessen der Mafia in Brooklyn zu verteidigen.

Reznikov sah es nicht kommen. Wahrscheinlich dachte er, er hätte leichtes Spiel, als Balagula seine Unterhosen befleckte. Balagulas Beleidigung wurde mit Blutflecken gesühnt. Von Kugeln durchsiebt hauchte Reznikov auf einer Straße in Brooklyn sein Leben aus.

Unterschätzen Sie nie Ihren Gegner.

Lektion 76

Wer ist Ihr Gegner?

Üblicherweise ist offensichtlich, wer Ihre Feinde sind. Wie im vorhergehenden Kapitel ersichtlich wurde, dürfen Sie sie nie unterschätzen. Aber was ist mit den Leuten, die den richtigen Augenblick abwarten, eine einzigartige Geduld zeigen und ihre Ambitionen verbergen? Menschen, die Sie nie für Gegner halten würden? Das können enge Freunde, Kollegen oder sogar Ihr bester Mitarbeiter sein. Wie unterscheiden Sie einen treuen Gefolgsmann von einem Opportunisten? Und wie neutralisieren Sie diesen potenziellen Gegner?

Der erfahrene Mafia-Staatsmann Joe Bonanno alias Joe Bananas war mehr als dreißig Jahre lang Boss seiner eigenen Borgata, als sich die Allianzen in der Kommission zu verschieben begannen. Weil er befürchtete, diese neuen Allianzen würden sich zu seinen Ungunsten auswirken, begann Bonanno, sich in die Angelegenheiten anderer Familien einzumischen und zu versuchen, das Pendel zu seinen Gunsten ausschlagen zu lassen.

Banana Republic ist ein nettes Klamottengeschäft, nicht wahr? Lange vor dem berühmten Geschäft »Banana Republic« wurde der Ausdruck »Bananenrepublik« von unserer Regierung auf zentral-

und südamerikanische Länder angewendet, in denen unsere CIA lokale Führer ausbildete, ausrüstete und an die Macht brachte, um deren Regierung kontrollieren zu können und sich leichten Zugang zu einer lukrativen Anbaupflanze – wie Bananen – zu verschaffen.

Joe Bonanno versuchte einen typischen CIA-Schachzug, indem er einen anderen Don aufbaute, um aus einer anderen Mafiafamilie seine eigene Bananenrepublik zu machen. Das war zwar nicht der Grund für seinen Spitznamen Joe Bananas, aber der Name passt in jedem Fall.

Die anderen Familien bekamen Wind von Bonannos Intrigen und machten ihm einen Strich durch die Rechnung. Jeder, der mit Bonanno auf gutem Fuß stand, wurde als Boss abgelehnt. Aber Bonanno ließ nicht locker. Da er sich nun noch stärker bedroht und ausmanövriert fühlte, plante er, alle Bosse der Konkurrenzfamilien in einem Handstreich zu beseitigen.

Bevor er seinen Plan umsetzte, wandte sich Bonanno an Joseph Magliocco, seinen Hauptkandidaten für die Position des Dons der Familie, die er kontrollieren wollte. Magliocco sollte den Auftrag über den Mehrfachmord überwachen, der ihn an die Spitze seiner eigenen Familie katapultieren, aber ihn auch zu Bonannos Marionette machen sollte.

Magliocco, der aus Dutzenden loyaler Sgarriste auswählen konnte, beauftragte einen jungen Gefolgsmann namens Joe Colombo. Colombo gab sich stets als loyaler Untergebener, der alles für seinen Boss tun würde, aber tief im Inneren brannte er vor Ehrgeiz. Jahre zuvor hatte Colombo seine Schauspielkunst bereits unter Beweis gestellt, als er eine Geisteskrankheit vortäuschte, um sich vor dem Militärdienst zu drücken. Colombo führte nicht nur das US-Militär an der Nase herum, sondern war ein derart guter Schauspieler, dass er sowohl das aufstrebende Oberhaupt Magliocco als auch den bösen alten Fuchs Bonanno täuschte.

Anstatt seine Gewehre mit Munition zu laden und Kugeln auszuspucken, ging er direkt zu den anderen Bossen und spuckte die Wahrheit aus. Er warnte sie vor Bonannos und Maglioccos Plan und verlangte als Gegenzug für seinen Verrat den Familienthron.

Colombo wurde zum Don gekrönt. Magliocco war glücklich, mit dem Leben davonzukommen, aber der Druck, der auf ihm lastete, trug wahrscheinlich zu dem schweren Herzinfarkt bei, der ihn einige Monate später umbrachte. Bonannos Herz war robuster. Er flüchtete und trotzte der Kommission.

Colombo beherrschte die Fähigkeit, sich zu verstellen, die schon im Kapitel »Warum das Kinn einen Schlafanzug bei der Arbeit trug« geschildert wurde. Ein Boss, der Colombo nahe genug kam, hätte die Hitze seines brennenden Ehrgeizes spüren und einen Weg finden müssen, um ihn auszuschalten.

Jahre, nachdem Joe Bonanno in den Ruhestand ging, wurde die Bonanno-Familie von Mafiaboss Joe Massino übernommen.

Massino besaß die Gabe, potenzielle Gegner zu wittern und auszuschalten.

Bevor Massino zum Boss wurde, war er der Arschkriecher von Philip »Rusty« Rastelli, damals Boss der Bonanno-Familie. Als Rastelli im Gefängnis saß, wurde Massino zu seinen Augen und Ohren auf der Straße. Massino war kein Pfadfinder, der einem alten Mann Gefallen tat. Vielmehr brachte er sich in Position, um nach der Macht zu greifen, sobald der alte Mann krepierte.

Während Massino im Gefängnis für Rastelli Kekse buk, wuchs die Unzufriedenheit anderer Familienmitglieder mit Rastellis Führung aus dem Gefängnis heraus, und sie beschlossen, sich aufzulehnen. Drei mächtige Capos führten die Opposition. Anstatt eines Präventivschlags gegen Rastellis loyale Gefolgsleute waren die drei Capos bereit, dem Mafiaprotokoll zu folgen und ihren Verdruss bei einem Schlichtungsgespräch mit Massino zu äußern.

Augenblicklich begann Massino hinter den Kulissen zu konspirieren. Während das Schlichtungsgespräch organisiert wurde, wandte er sich an andere Familien und bat um Erlaubnis, »Rastelli zu schützen«. Massino agierte in der Verkleidung eines loyalen Edelmanns, der seinen König verteidigt. In Wahrheit stellten die drei Capos für Massino, der es gar nicht abwarten konnte, seinen fetten Arsch auf den Thron zu heben, eine unmittelbare Bedrohung dar.

Das dritte Schlichtungsgespräch sollte ihr letztes sein. Die drei unbewaffneten Männer gingen auf die Tür zu und klingelten im 20/20-Nachtklub in Brooklyn, in dem das Gespräch stattfinden sollte. Sie gingen hinein und grüßten Massino, Dominick Napolitano und Gerlando Sciascia – merken Sie sich die beiden letzten Namen. Wie Massino brannten auch sie vor Ehrgeiz.

Wenn Sie ein Haus oder einen Klub betreten, hängt Ihr Gastgeber Ihren Mantel normalerweise in den Garderobenschrank. Dieser war jedoch voll – mit vier maskierten Männern, die mit Maschinengewehren ausgerüstet waren. Diese sprangen heraus und feuerten auf die Capos. Es genügt der Hinweis, dass Joe Massino kein guter Gastgeber war.

Nachdem die Leichen in Leintuchsäcke verstaut und begraben waren, schüttelten sich Massino, Napolitano und Sciascia gegenseitig die Hände. Mission erfüllt. Einstweilen. Denken Sie daran, was ich gesagt habe: Massino besaß die Gabe, potenzielle Feinde zu wittern.

Viele der Männer, die an diesen brutalen Morden beteiligt waren, lebten ihr Leben unbehelligt weiter: die Schützen, die Aufpasser, die Schmiere standen, und die Truppe, die die Gräber schaufelte.

Napolitano war jedoch wie Massino: ein Alphatier und charismatischer Führer. Massino, der Meisterpolitiker, wusste, dass er Napolitano nach den Standards der Mafia unmöglich allein aus diesem Grund umbringen konnte. Geduldig wartete er darauf, dass sich die Gelegenheit ergeben würde.

Als Napolitano einen schweren Fehler machte, indem er zugab, den verdeckten Ermittler Joe Pistone in die Bonanno-Familie eingeschleust zu haben, hatte Massino die Ausrede, die er brauchte, und ordnete Napolitanos Ermordung an. Als dessen verweste Leiche gefunden wurde, hatten wilde Tiere seine Finger abgefressen. Ein angemessenes Ende für ein Leben im Dschungel.

Gerlando Sciascia war der andere ehrgeizige Mann, der Massino bei der Beseitigung der drei Capos geholfen hatte. Sciascia machte seinen Fehler, als er Massino erzählte, ein anderer Mafioso, Anthony Graziano, nehme Drogen – eine Andeutung, man solle sich um Graziano kümmern. »Sich um jemanden zu kümmern« bedeutet in der Mafia keine Intervention durch eine TV-Realityshow. Mafiaorganisationen neigen eher nicht dazu, hilfsbereit zu sein.

Massino kannte den feinen Unterschied zwischen einem Mann, der glaubt, er könne den Boss manipulieren, und einem Mann, der glaubt, er könne der Boss sein.

Sciascias brennender Ehrgeiz wurde gelöscht. Er bekam drei Kugeln in den Kopf, ein Auge wurde ihm herausgeschossen, und dann wurde er auf die Straße geworfen – wie ein Sack Müll.

»Das ist Joey [Massino] beim Hausputz.« [148]
FBI-Agent Charles Rooney auf Fragen des FBI-Direktors
Louis Freeh zu Sciascias Ermordung

Von den drei ehrgeizigen Männern, welche die Ermordung von drei anderen ehrgeizigen Männern koordiniert und durchgeführt hatten, waren fünf tot und Massino blieb als Einziger übrig.

Massino konnte einen potenziellen Gegner schon von Weitem riechen, die Politik zu seinen Gunsten manipulieren oder geduldig auf den richtigen Augenblick warten und dann zuschlagen.

Lektion 77

Schießen Sie keinen aufstrebenden Stern ab: Wie man potenzielle Gegner neutralisiert

Mafiaboss Johnny Torrio wuchs während der Depression auf. Ihm wird das Verdienst zugeschrieben, die kriminelle Vereinigung »Chicago Outfit« gegründet zu haben. Bei einer Körpergröße von knapp über 1,60 Meter bewies Torrio, dass ein großes Hirn weitaus wichtiger war als reine Körpergröße. Den größten Teil seines Lebens zeigte er die seltene Fähigkeit, Vernunft statt Waffen zu benutzen, und er betrog nie seine kriminellen Partner. »Es fällt genügend für alle ab«, war Torrios Motto.[149]

Torrio besaß Organisationstalent und war in der Lage, Gangster zu Geschäftsleuten zu formen. Einer dieser Gangster war Al Capone. Als Torrio zum ersten Mal erkannte, wie intelligent und ehrgeizig Capone war, wusste er, dass er ein Problem hatte. Es würde nicht lange dauern, und Capone würde Torrio verdrängen oder vom Thron stoßen. Die übliche Mafialösung für dieses Dilemma besteht darin, Capone umzubringen. Hatte Massino nicht jeden beseitigt, der eine Gefahr für ihn darstellte? Torrio wusste jedoch, dass Capone für ihn lebendig mehr wert war als tot. Was tun?

Torrio machte Capone ein Angebot, dass dieser nicht ausschlagen konnte: eine Partnerschaft. Es mag so aussehen, als habe Torrio damit Macht und Gewinn abgegeben. Ganz im Gegenteil. Torrio fand in Capone einen Mann, mit dem er seine Aktivitäten ausweiten konnte. Außerdem neutralisierte er auf diese Weise einen potenziellen Gegner. Nach vielen erfolgreichen gemeinsamen Jahren ging Torrio in den Ruhestand und überließ Capone das Kommando über die »windige Stadt«, Chicago.

Während Capones Herrschaft besuchte Torrio nach wie vor Chicago und schlug neue Ideen vor. Er und Capone wurden reich. So wie Torrio vorausgesagt hatte, »fiel genügend für alle ab«.

Wie Johnny Torrio wuchs Sam Walton in den rauen und unruhigen Zeiten der Depression auf. Walton besaß dieselben Fähigkeiten wie Torrio, wendete sie aber auf ein legales Unternehmen an. Waltons erstes Vorhaben war ein »Ben Franklin Variety Store« – ein Billigmarkt mit einem wechselnden Sortiment von Billigprodukten. Dieser Markt trug seinen Namen zu recht, da Walton Benjamin Franklins Weisheit und Cleverness kopierte.

Nach einer erfolgreichen Zeit verlor Walton den Pachtvertrag für seinen Billigmarkt und musste schließen. Er blieb jedoch beharrlich und eröffnete bald darauf einen anderen Markt, »Walton's Five and Dime«.

Wie Torrio wollte Walton sein Geschäft ausdehnen. Dabei traf er auf intelligente, ehrgeizige Manager. Einer von ihnen war Willard Walker. Indem er einen klassischen Torrio-Schachzug anwendete, neutralisierte Walton Walker und bot ihm eine Beteiligung an.

Heute wird diese Art von Partnerschaft, die Torrio mit Capone und Walton mit Walker einging, als »Profitsharing« bezeichnet.

Walton nahm immer mehr Partner auf. Er nannte seine Märkte irgendwann Walton's Family Center und später einfach Wal-Mart.

Walton scheint sich immer an Recht und Gesetz gehalten zu haben, aber die amerikanische Unternehmenswelt kann zur Mafia werden, wenn sie nicht beaufsichtigt wird. Im Jahr 2004 durchsuchten FBI-Agenten Wal-Mart-Märkte in 21 Bundesstaaten und erhoben Anklage wegen illegaler Geschäftspraktiken.

James Linsey von Cohen, Weiss und Simon, der Anwaltsfirma, die die Angestellten von Wal-Mart vertritt, hatte Folgendes zu sagen: »Das Wesentliche an kriminellen Geschäften ist der Aufbau von Schichten, sodass die Leute an der Spitze isoliert werden – ob es sich um Vito Corleone oder Tony Soprano oder in diesem Fall um das Topmanagement von Wal-Mart handelt.«[150]

Wie zuvor erwähnt, sind wir alle aus dem gleichen Stoff.

Lektion 78

Von mir aus können sie es sich auf der Tanzfläche gegenseitig von hinten besorgen: Lassen Sie nicht zu, dass andere Auffassungen der Gewinnerzielung im Weg stehen

Schwule dürfen nicht Mitglied der Mafia werden. Soweit ich weiß, hat die Mafia nicht vor, die »Don't Ask, Don't Tell«-Politik* der US-Armee anzuwenden, aber sie wird ohne Vorurteil mit jedem Geschäfte machen.

Einige Freunde und ich übernahmen einen Nachtklub in Manhattan. Die bisherigen Klubbesitzer veranstalteten einmal pro Woche einen Schwulenabend. Bevor sie uns die Schlüssel aushändigten, erklärten sie, die Schwulen seien ihre besten Kunden.

»Sie lassen viel Geld hier und machen nie irgendwelche Probleme«, sagte einer der Besitzer. »Ich muss mir nie Sorgen darüber machen, dass sie mir den Laden verwüsten, und sie schmuggeln keine Waffen hinein.«

»Sie sind unsere stilvollsten Kunden«, fügte sein Partner hinzu. »Es wäre mir aber auch egal, wenn sie es sich auf der Tanzfläche gegenseitig von hinten besorgen würden, weil sie gutes Geld bringen.«

Wie zuvor in diesem Buch erwähnt, erwartet die Mafia von ihren Mitgliedern, dass sie die Werte der Organisation übernehmen. Diejenigen, die gegen die Werte verstoßen, werden schnell und hart bestraft. Abgesehen davon stellt die Mafia aber nicht die Werte ihrer Geschäftspartner infrage. Unterm Strich geht es um Gewinnerzielung.

---

*   Als »Don't Ask, Don't Tell (DADT)« wird die Politik der US-Armee bezeichnet, derzufolge kein vermuteter schwuler, lesbischer oder bisexueller Militärangehöriger, der/die sich nicht geoutet hat, verfolgt oder diskriminiert oder zu seiner sexuellen Orientierung befragt werden darf. Gleichzeitig werden offen schwule, lesbische oder bisexuelle Personen aus dem Militärdienst verbannt. Heimlichen schwulen oder lesbischen bzw. bisexuellen Militärangehörigen ist es zudem verboten, ihre sexuelle Orientierung zu offenbaren. (A.d.Ü)

Eine Zeit lang erlaubte die Bonanno-Familie Drogen, während sie in allen anderen New Yorker Familien verboten waren. Dennoch machten alle fünf Familien Geschäfte miteinander. Im Gegensatz dazu werden amerikanische Geschäftsleute oft aufgrund politischer Differenzen, die auf unterschiedliche Werte zurückgehen, von Geschäften in reifen Märkten ausgeschlossen.

Nun, wer zum Teufel sind wir eigentlich?

> *»Die Logik des kriminellen Geschäfts beziehungsweise der Bosse entspricht dem aggressivsten Neoliberalismus. Die Regeln, diktiert oder auferlegt, lauten Geschäft, Gewinn und Sieg über alle Wettbewerber. Alles andere ist wertlos. Alles andere existiert nicht.«*[151]
> Roberto Saviano, *Gomorrah*

Stellen Sie sich eine Besprechung vor, in der zwei Mafiabosse über viele Millionen Dollar diskutieren – genug, um die Reichtümer beider Familien zu vergrößern. Die Besprechung verläuft gut und es wird eine Abmachung getroffen. Die beiden Bosse schütteln sich die Hand, küssen sich und gehen anschließend zum Parkplatz. Einer der beiden Dons fährt in einem großen alten spritfressenden Cadillac, Baujahr 1973, mit einem kaputten Auspuffrohr weg und hinterlässt eine schwarze Rauchwolke. Der andere Don weist seine Männer zwischen einem Hustenanfall und dem nächsten an, die Vereinbarung rückgängig zu machen. Seine Begründung: Der andere Don ist ein Umweltverschmutzer.

Das Nächste nach der Rauchwolke auf dem Parkplatz wäre ein rauchender Pistolenlauf. Der Don wäre tot.

Es ist naiv zu glauben, dass alle unsere eigenen Werte teilen müssen.

Wenn Sie die Welt retten und jeden boykottieren wollen, der Ihre Vorstellungen von Richtig und Falsch nicht teilt, dann sägen Sie den Ast ab, auf dem Sie sitzen. Wenn Ihnen der Charakter der Leute, mit denen Sie Geschäfte machen, den Schlaf raubt, dann spenden Sie einen Teil Ihrer Gewinne für weltverbessernde Initiativen.

Hätte die Mafia gegen Länder wie Kuba, Indien, Südafrika, Iran und Irak Wirtschaftssanktionen verhängt, wäre die berüchtigte Pizza Connection, mit der die Mafia den globalen Drogenhandel beherrschte, nie entstanden.

Es ist wichtig, mit unserer Welt im Kontakt zu bleiben. Lehren Sie andere, indem Sie mit gutem Beispiel vorangehen.

In der Antike bereiste ein griechischer Historiker namens Herodot die bekannte Welt und zeichnete Geschichten für seine *Bücher der Geschichte* auf.

Damals wurden die meisten Staaten wie Mafia-Fürstentümer geführt und von Diktatoren beherrscht, neben denen die heutigen Mafiabosse wie unschuldige Elfen wirken. Persien, der heutige Iran, war ein solcher Staat.

In seinem Werk *Bücher der Geschichte* schreibt Herodot über den Perserkönig Dareios, der über verschiedene ethnische Gruppen innerhalb seines Königreichs herrschte. Eines Tage rief »Don« Dareios eine Gruppe Griechen aus seinem Reich zu sich und sagte zu ihnen: »Ich weiß, dass ihr eure Eltern verbrennt, wenn sie sterben. Wie viel müsste ich euch zahlen, damit ihr sie stattdessen aufesst?«

Die Griechen sagten Dareios mehr oder weniger, er solle doch zum Teufel fahren.

Daraufhin rief Dareios eine Gruppe Inder zu sich und sagte zu ihnen: »Ich weiß, dass ihr eure Eltern aufesst, wenn sie sterben. Wie viel müsste ich euch zahlen, damit ihr sie stattdessen verbrennt?«

Die Inder hatten für Dareios die gleiche Antwort parat wie die Griechen.

Auf Basis von Dareios' Fragen kam Herodot zu dem Fazit, dass Gesellschaften unterschiedliche Sitten und Gebräuche haben und stellte daher fest, dass Richtig und Falsch subjektive Bewertungen sind.

Lektion 79

Wie Sie Ihren Consigliere auswählen

In den frühen Tagen der amerikanischen Mafia war ein Consigliere, der Berater einer Familie, ein älterer Mann, der mit allen Wassern gewaschen war und aufgrund seiner Erfahrung und Weisheit für diesen Posten ausgesucht wurde. Er wurde respektiert, und man erwartete von ihm, dass er bei allen Entscheidungen objektiv blieb. Als geschickter Diplomat konnte er Krisen lösen und potenzielle Probleme abwenden, indem er den Boss darin beriet, wie die Familie Hindernisse umschiffen konnte.

Mit der Zeit wurde diese ehrwürdige Position jedoch zu einer politischen Stabsstelle. Der Consigliere wurde in Bezug auf Reichtum und Macht einfach die Nummer drei der Familie.

Bevor Sammy »der Bulle« Gravano zum Underboss aufstieg, wurde er im zarten Alter von 40 Jahren zum Consigliere der Gambino-Familie ernannt. Gravano herrschte über Männer, die doppelt so alt und zehnmal so klug waren wie er. Die älteren Mafiosi hörten auf seine Entscheidungen – nicht weil er so weise war, sondern weil er sie andernfalls umgebracht hätte. Die Mafia versäumte, den wahren Zweck dieser Position in Ehren zu halten und musste dafür teuer bezahlen, als dieser Primitivling anfing zu singen.

Im Geschäft brauchen Sie einen guten Berater, jemanden, dessen Rat Sie vertrauen. Dieser Jemand sollte wichtig für Ihren Erfolg sein, aber nichts mit Ihrem Geschäft zu tun haben, um die Dinge mit einem gesunden Abstand betrachten zu können. Ein Ehepartner, ein Geschwister, ein Mentor – wählen Sie die Person aus, der Sie trauen, und Sie haben eine ausgezeichnete Quelle, um sich Rat zu holen.

Lektion 80

Warum Frankie Fever niemals einen Bestseller kaufen oder einen Kassenschlager ansehen wird: Misstrauen Sie jedem Hype

Ein Capo namens Frankie Fever erzählte mir einmal eine Geschichte aus seiner Anfangszeit auf der Straße. Als Jugendlicher saß er einst in einer Pizzeria und aß ein Stück Pizza, als zwei Typen hereinkamen und sich am Tisch hinter ihm niederließen. Einer der Typen sagte zum anderen: »Ich habe 5.000 beisammen, kannst du es mir für fünf verkaufen?«

Der andere antwortete: »Keine Chance. Du kannst diese Scheiße überall für zwölf loswerden. Ich will sechs Scheine.«

»Fuck!«, sagte der Erste. »Kriege ich nicht zusammen. Ich habe nur fünf. Kannst du mir den Rest leihen? Ich geb's dir zurück, wenn ich das Zeug verkauft habe.«

»Vergiss es«, erwiderte der andere.

»Ich schau mal, was sich machen lässt.« Der Erste stand auf und ging raus.

Frankie drehte sich um und sagte zu dem Typen, der noch am Tisch saß: »Was hast'n da?«

»Zehn Pfund Skunk Weed. Kostet zwölf auf der Straße. Interesse?«

»Du willst sechs?«, fragte Frankie.

»Ja.«

Frankie wusste, dass Skunk Marihuana war, aber ansonsten wusste er nichts über Drogenhandel. Er wusste, dass er sein Geld auf der Straße verdoppeln konnte, wenn er die sechs Scheine zusammenbrachte.

»Beeil dich. Wenn mein Freund zurückkommt und das Geld mitbringt, muss ich es ihm verkaufen.«

Frankie selbst hatte 2.000 Dollar. Er lief zur nächsten Straßenecke und lieh sich von seinem zukünftigen Schwiegervater die anderen vier und versprach ihm, fünf zurückzuzahlen. Dann rannte Frankie zurück zur Pizzeria und kaufte dem Typen das Marihuana ab.

Zehn Minuten später saß Frankie zu Hause und fragte sich, was er mit zehn Pfund Oregano anfangen solle. Er war überlistet worden. Die beiden Typen waren über alle Berge.

Franke sagte mir, er habe an diesem Tag zwei Lektionen gelernt. Lassen Sie sich nie zu etwas hinreißen – wie wir bereits im Kapitel »Sichern Sie Ihren Arsch« besprochen haben – und kaufen Sie nichts, nur weil jemand anderes es haben will.

So verrückt, wie es klingen mag, aber so arbeiten Hollywood und die Bücherindustrie. Ein Buch oder Film kann ewig im Regal liegen, aber sobald eine oder mehrere Personen auftauchen, die es unbedingt haben wollen, entsteht plötzlich ein Hype. Alle überbieten sich gegenseitig und treiben damit den Preis des begehrten Artikels in die Höhe.

Große Verlage und Filmstudios schreiben Ladenhüter ab. Sie sollten jedoch nie für irgendeine Sache bieten oder sie kaufen, nur weil andere sie auch haben wollen.

Lektion 81

Ich habe einen Insider-Informanten: Dem Wettbewerb voraus sein

Mein Hehler sagte mir einmal: »Bei einem Unternehmen mit fünfhundert Angestellten, ist die Hälfte bereit, Insidertipps zu geben.«

Stellen Sie sich vor, Sie würden in eine Konferenz gehen und wüssten genau, was Ihr Gesprächspartner will oder braucht, um die Verhandlungen abzuschließen – sein Tiefstpreis, den Höchstpreis, den er zu zahlen bereit ist, den Mindestpreis, den er als Untergrenze akzeptiert. Diese Informationen können Sie alle bei einem Bier in Patrick's Pub erhalten.

Wenn ich einen Überfall plante, stammten die besten Tipps von normalen Angestellten – einem Insider aus dem Unternehmen oder einem Büromädel, das irgendwie Zugang zu den goldenen Informationen hatte.

Jedes Unternehmen hat eine bestimmte Menge von auskunftsbereiten Mitarbeitern. Ich kann nicht zählen, wie oft ich in einem Restaurantabteil saß und im Flüsterton mit einem Insider sprach, der auf dem Tisch Servietten als Gebäude arrangierte, mit Kaffeetassen die Transporter und mit Gabeln die Menschen darstellte.

Klar, eine Menge dieser Informanten saßen auf einem Haufen unbezahlter Rechnungen, waren mit der Mietzahlung im Rückstand oder ertranken in Kreditkartenschulden. Oft wollten sie nicht einmal einen Anteil an der Beute. Sie wollten lediglich bei einem Milchshake Tipps loswerden.

Menschen sind einsam. Und viele sind mit dem Unternehmen, in dem sie arbeiten, unzufrieden. Bier, Wein oder ein Cocktail sind bessere Zungenlöser als ein Milchshake, aber die meisten Leute werden reden, wenn Sie nur bereit sind, ihnen zuzuhören.

Lektion 82

Verstecken Sie Ihr Geld unter der Matratze: Achten Sie darauf, dass Sie genügend Barreserven haben

Ich kannte einen Hehler namens Freddie. Abgesehen von seinen Hehlergeschäften war Freddie an einer Million anderer dunkler Machenschaften beteiligt. Wenn Freddie auf der Straße eingekeilt wurde, weil er jemandem Geld schuldete, dann druckste er so lange herum, bis sein Gläubiger nach einem Schlichtungsgespräch rief.

Bei diesem Gespräch gab Freddie dann seine Schulden zu, behauptete aber, pleite zu sein. Als Zeichen seines guten Willens bot er an, sogar mehr zu zahlen, als er schuldete, allerdings in Waren, von denen er mehr als genug herumliegen hatte. Auf diese Weise machte er sich zwar keine Freunde, hatte aber immer ausreichend Bargeld und Hehlerware, die er sowieso verkaufen wollte.

Freddies Gauner-Gewohnheiten dienen nicht als Beispiel für Unternehmen, aber eine seiner Strategien sollten Sie übernehmen: Möglichst viel Bargeld in Reserve zu haben.

Die Launen der Straße haben Mafiosi die harte Wahrheit eingebläut, dass das heutige Einkommen, egal wie sicher es erscheinen mag, morgen plötzlich versiegen kann. Die Mafia bietet keine Rente, keine Abfindung und keine vermögensbildenden Sparpläne. Alles kommt darauf an, wie viel Geld Sie beiseitelegen können, was für niemanden ein schlechtes Ziel ist, wie wir in jüngster Zeit gesehen haben.

Die meisten kriminellen Geschäfte eines Mafiosos sind Bargeldtransaktionen. Große Bargeldreserven zu besitzen, ist also tief in seinem Verhalten verankert. Wenn ein Mafioso ins Geschäftsleben einsteigt, bringt er seine bargeldorientierte Mentalität mit. In ein Büro geworfen, muss er plötzlich mit Anrufen, Kunden, Kreditkarten, Versicherungspolicen, Aktien, Anleihen, Bankkonten und Gehaltslisten jonglieren. Aber anders als viele Geschäftsleute vergisst er nie, dass der Cashflow zu jedem Zeitpunkt sein Hauptanliegen sein muss.

Große Unternehmen brauchen hohe Kredite, um im Dschungel der Geschäftswelt zu überleben, aber sie sollten zur Absicherung ihrer Schulden über hohe Barreserven verfügen. Während der letzten Wirtschaftskrise konnten Unternehmen mit hohen Barreserven überleben. Und so macht es auch die Mafia – ohne staatliche Rettungspakete.

Lektion 83

Armut ist scheiße, oder nicht?

Wenn in der Mafia die Kacke am Dampfen ist, muss man sich verdünnisieren.

Wenn man auf der Flucht ist, ist es nicht das Gejagtwerden, das anstrengend ist – das ist eher aufregend. Es ist die Entfernung von geliebten Menschen. Selbst wenn ich in einem Fünf-Sterne-Hotel logieren würde, über kurz oder lang wäre ich es leid, aus dem Koffer zu leben. Ich würde mich nach einer hausgemachten Mahlzeit sehnen. Aber das ist das Mafialeben. Entweder man härtet ab, oder es bringt einen um.

Als ich mit anderen Mafiosi auf der Flucht war, konnte ich sehen, wer aus hartem Holz geschnitzt war, und wer nicht; wer eine Gefängnisstrafe aushalten und wer unter dem Druck wahrscheinlich einknicken würde.

Sie müssen kein Leben auf der Flucht erlebt haben, um sich auf harte Zeiten vorzubereiten, die immer wieder mal eintreten. Sie müssen sich nur daran erinnern, wo Sie herkommen. Wenn Sie ein großes Tier werden und Ihre Wurzeln vergessen, ist Ihr Hintergrund nutzlos.

Dagegen kann ein Führer, der niemals vergisst, wie sich raue Zeiten anfühlen, jede Krise überleben.

>*Wer nicht von Wenigem zu leben versteht,*
wird zeitlebens ein Sklave bleiben.< [152]
Horaz

Der sizilianische Mafiaboss Bernardo Provenzano vergaß nie seine bäuerliche Herkunft. Wenn es das Schicksal erlaubte, lebte Provenzano in einer Villa am See, trug Edelklamotten und fuhr die schnellsten Autos. Aber wenn es nötig war, tauschte Provenzano seine modischen Anzüge gegen bäuerliche Kleidung und seine noble

Behausung gegen eine Hütte irgendwo auf dem Land. Er erinnerte sich an seine äußerst bescheidene Herkunft. Diese Erinnerung half ihm dabei, harte Zeiten zu überstehen und gleichzeitig die Kontrolle über seine Männer und sich selbst zu behalten.

Als Pronvenzano schließlich gefasst wurde, stank die heruntergekommene Hütte, in der er lebte, nach schimmeligem Käse und verfaultem Gemüse.

Der Mafiaboss Frank Costello schlief auf seinem Weg nach Amerika in einem Trog. Carlo Gambino verbrachte die raue Atlantiküberquerung als blinder Passagier. Beide Männer vergaßen nie ihre Wurzeln.

Wenn Sie dieses Buch lesen, stehen die Chancen gut, dass Sie aus schlichten Verhältnissen kommen. Vergessen Sie das nie!

>>*Die erfolgreichsten Vorstandschefs haben oft eine bestimmte Veranlagung – oft stammen sie aus einfachsten Verhältnissen, und diese widrigen Umstände haben in gewisser Hinsicht zur Bildung der DNA eines außergewöhnlichen Unternehmensführers beigetragen.*<<[153]
Steve Tappin

Ein Führer, der bereit ist, sich Problemen zu stellen, selbst wenn das bedeutet, dass er persönliche Zeit und Energie opfern muss, ist ein Führer, dem es sich zu folgen lohnt.

Armut ist nicht immer scheiße. Wenn Sie sich daran erinnern, wie es sich angefühlt hat, wird diese Erinnerung Sie selbst durch härteste Zeiten bringen.

Lektion 84

Die Mafia ist ein Markenname:
Wann sich Franchising lohnt

Viele Mafia-Associates strengen sich so sehr an, um in eine Familie aufgenommen zu werden, weil sie mit dem Familiennamen potenziell viel mehr verdienen können, sobald sie einmal dazugehören.

Pete Penovich war ein Zocker-Boss aus Chicago zu Zeiten Al Capones. Bei Capones Prozess sagte Penovich aus, er habe freiwillig auf 100 Prozent seiner eigenen profitablen Zockermaschine verzichtet, als ihm 25 Prozent bei Beteiligung an Capones Outfit geboten wurden. Penovich sagte, die ursprünglichen 25 Prozent seien später auf fünf Prozent gesenkt worden. Dennoch wurde er nie gezwungen, bei Outfit zu bleiben. Er machte mit den fünf Prozent unter Capone mehr Geld, als er allein mit seinen 100 Prozent verdient hätte.

Das Zocker-Franchisegeschäft mit Capone bot Penovich eine größere Kundenbasis, bessere Standorte und einen starken Schutz.

Aus ähnlichen Gründen könnte es sein, dass aus Aunt Mary's Coffee Shop eine Starbuck's-Kaffeebar wird.

Denken Sie darüber nach.

Lektion 85

Es ist gut, König zu sein:
Aber niemand steht über dem Gesetz

Lange bevor es John Gotti aus Queens gab, der sich für einen König hielt, gab es einen König Johann von England, der sich für einen Don hielt.

15. Juni 1215. In der Nähe des Schlosses Windsor fand ein Schlichtungsgespräch statt. König Johann wollte sich mit seinen Baronen beziehungsweise Capos treffen. Zu diesem Zeitpunkt waren alle im Königreich über den König verärgert. Er glaubte nämlich, er stünde über dem Gesetz. Die Barone hätten ihn leicht beseitigen können, stattdessen stellten sie ihm jedoch ein Ultimatum.

Sie teilten ihrem König mit, dass er mit ihrer Zustimmung regiere und somit habe er sich an dieselben Gesetze zu halten wie alle anderen. Außerdem machten sie ihm klar, dass sie ihn umbringen würden, wenn er irgendwelche Regeln bräche. Die Botschaft kam bei König Johann an.

Vierhundert Jahre später, im Jahr 1649, ignorierte König Charles von England die Regeln und wurde von seinen Capos einen Kopf kürzer gemacht. Die fackeln nicht lange in England.

> *Mein Vater sagte immer … wenn du die Regeln brichst,*
> *endest du auf der Müllkippe. Wenn ich die Regeln breche –*
> *damit meinte er sich selber –, dann jagen sie mir zwei Kugeln in den*
> *Kopf und laden mich auf einer Müllkippe ab. So funktioniert das.«*[154]
> John Gotti Jr. über seinen Vater John Gotti Sen.

Ein Mitglied der Lucchese-Familie erklärte mir einst: »Die Familie gehört uns. Wir bestimmen unseren Boss, und wir können ihn absetzen.«

Wie oft erliegen Führer der Täuschung, dass sie über dem Gesetz stehen?

Üblicherweise hängt es von der Zustimmungsrate mit einem Mafia-Don ab, ob jemand auf einer Müllkippe landet. Diese Gefahr hält die meisten Bosse auf Kurs.

> *»Colombo musste weg, weil er den Punkt erreicht hatte, an dem er*
> *glaubte, er sei größer als die Mafia, und unzerstörbar. Falsch.«*[155]
> Joey Black

Sie könnten vielleicht denken, ich bin kein Mafiaboss, niemand wird mich erschießen. Denken Sie noch mal nach. Viele Mitarbeiter laufen irgendwann Amok. Sie sind nicht immun gegen die Unzufriedenheit Ihrer Mitarbeiter. Ein kleiner Angestellter könnte den Bleistiftanspitzer oder Wasserkühler kaputtmachen und die Stifte klauen. Keine große Sache. Aber was ist mit dem großen Arschloch, das Unternehmensgeheimnisse verrät – der Insider-Informant, über den wir vorher gesprochen haben? In jedem Unternehmen gibt es ein paar Wichser, da kann man nichts machen. Aber wenn Sie unbeliebt sind, dann riskieren Sie, dass sich Ihre Feinde zusammentun.

Al Capone war bei seinen Mitarbeitern beliebt. Ihm gehörte ein Anteil an einem italienischen Restaurant, in dem ein Mafiarivale, Joseph Aiello, dem Küchenchef 10.000 Dollar bot, damit er über Capones Nudeln ein wenig Gift statt Parmesan ausstreue. Der Küchenchef, der Capone mochte, lief sofort zu Big Al und erzählte ihm davon.

> *Ich lieferte gerne Alkohol für Dean aus. Er zahlte gut,*
> *und er schüchterte seine Fahrer nicht ein, wie einige andere Gangs.*
> *Er behandelte seine Leute einfach aus Überzeugung gut.*[156]
> Angestellter von Dean O'Bannion, *Paddy Whacked*

Im Gegensatz zu Capone waren Aiellos Mitarbeiter nicht besonders von ihrem Boss begeistert. Er starb mit 30 Kugeln im Leib. Das ist ungefähr die gleiche Anzahl von Löchern, die eine Parmesanreibe hat – das Gerät, das Capone hätte töten können, wenn er nicht so beliebt gewesen wäre.

Lektion 86

Typen wie wir, Typen wie die:
Bleiben Sie bei Ihrem Leisten

Eines Tages alberte ich mit einem Mafioso herum, als wir im Radio hörten, dass das Space Shuttle sicher gelandet war.

»Echt erstaunlich«, sagte ich. »Stell dir das Hirnschmalz vor, das nötig ist, um das Scheißding ins All zu schießen und wieder zurückzuholen.«

Er antwortete lässig: »Es gibt Typen wie wir für unsere Geschäfte und Typen wie die, für solche Sachen.«

Das war in all ihrer Einfachheit eine ausgezeichnete Feststellung. Die Welt hat Menschen, die für alle möglichen, unterschiedlichen Aufgaben gemacht sind. Zusammen sorgen wir dafür, dass sich die Erde dreht.

Al Capone bezeichnete den Aktienmarkt als »Betrug« und wusste genug darüber, um sich davon fernzuhalten. Die meisten Menschen sind, was ihre Grenzen betrifft, allerdings nicht so realistisch wie Capone.

Ich kannte einen Typen von der Straße, den ich hier Bobby nennen will. Bobby hatte sein ganzes Leben lang Kontakt mit Mafiosi. Im Verlauf der Jahre hat er vielleicht den einen oder anderen Gefallen mit ihnen ausgetauscht, aber zum größten Teil war er ein legaler Typ. Mit harter Arbeit hatte er ein erfolgreiches Sanitärgeschäft aufgebaut. Wie jeder intelligente Geschäftsmann, der Reichtümer angehäuft hat, investierte er in Immobilien.

Als Immobilienbesitzer verpachtete Bobby ein Gebäude an einen Gastwirt. Das Restaurant ging pleite. Der Inhaber stieg aus dem Pachtvertrag aus, hinterließ aber die Öfen, Tische und ein schön eingerichtetes Restaurant. Anstatt dieses erneut zu verpachten, übernahm Bobby den Restaurantbetrieb. Er engagierte einen Spitzenkoch und begann, Werbung zu machen.

Bobby wusste, dass Mafiosi gerne Geld ausgeben. Also lud er alle Mafiosi, die er kannte, in sein Restaurant ein. Zwar war Gastronomie nicht Bobbys Metier, aber er bekam es hin. Das Restaurant war voll.

Soweit keine Fehler. Bobby hatte eine Chance gewittert und Stroh zu Gold gesponnen. Sein Reichtum und sein Ruf wuchsen.

In einer Ecke des Restaurants ließ Bobby den Fußboden erhöhen und stellte einen runden Tisch mit einem Telefon hin. Jeden Abend während der Essenszeit konnten die Gäste sehen, wie Bobby in einem Nadelstreifenanzug und mit einem Seideneinstecktuch irgendwelche Nummern wählte oder Anrufe beantwortete. Alles, was er noch brauchte, war eine weiße Perserkatze auf dem Schoß.

Weil bekannt war, dass auch echte Mafiosi in dieses Restaurant zum Essen gingen, kamen auch immer mehr junge Möchtegern-Mafiosi. Als die echten Mafiosi wegblieben, sah Bobby eine Chance, die abgewiesenen Möchtegerns zu mobilisieren und seine eigene Truppe zu bilden.

Schon bald machten diese Möchtegerns Geschäfte und brachten Bobby Geld ein.

Als das FBI herausfand, dass Bobbys Restaurant ein Mafia-Treffpunkt war, installierten sie Überwachungskameras auf der gegenüberliegenden Straßenseite. Und dann tat Bobby etwas, das alle großen Mafiosi tun würden, die eigentlich keine großen Mafiosi sind und eigentlich gar nicht wussten, was zur Hölle sie taten. Er befahl seiner Truppe von Gesetzlosen, das Gebäude niederzubrennen, an dem das FBI die Kameras installiert hatte. Das ist ungefähr so, als würde man das J. Edgar Hoover Gebäude in Washington, D.C. betreten, direkt zum FBI-Direktor gehen und ihm ins Gesicht spucken.

Unglücklicherweise für Bobby war der FBI-Direktor tatsächlich ein FBI-Direktor und keiner, der nur irgendwas vorspielte. Das FBI nagelte Bobbys Arsch an die Wand. Einen nach dem anderen brachten sie seine Starbesetzung von Vollidioten zum Singen, schlossen sein Restaurant und hängten ihm einen Prozess wegen vielfacher illegaler Geschäfte an.

Bobby verlor seine Frau, seine Kinder, sein Sanitärgeschäft und seine Freiheit. Und wofür? Um Mafioso zu spielen.

Wie viele reiche Geschäftsleute glauben, nur weil sie Geld scheffeln, hätten sie die Weisheit mit Löffeln gefressen, und meinen, sie könnten jedes Feld beherrschen und jede Fantasie ausleben?

Bobby steht mit seinem Fehler nicht allein da. Es ist ein Fehler, der sich in der Geschichte x-mal wiederholt hat.

Im Römischen Reich gab es einen Typen namens Crassus, der ein geniales Geschäftstalent hatte und stinkreich wurde. Der finanzielle Erfolg überzeugte ihn davon, dass er jedes Feld erobern konnte, sogar ein Schlachtfeld.

Ohne jede Erfahrung in Kriegsführung machte sich Crassus an die Eroberung des Partherreichs. Die Warnungen erfahrener Generäle schlug er in den Wind, denn immerhin war er reich, und sie nicht. Anstatt als stolzer, wohlhabender Mann zu sterben, der an einem Martini nippt, während ihm eine Tussi einen bläst, starb Crassus in Schande – brutal ermordet von seinen Feinden. Außerdem zog er 30.000 Legionäre mit ins Grab.

Bleiben Sie bei Ihrem Leisten.

Lektion 87

Marc Aurel war ein großer Imperator, aber das heißt nicht, dass das auch für seinen Sohn gilt: Die Gefahren des Nepotismus

Wenn Hollywood einen Historienschinken dreht, nimmt es die historischen Fakten nicht so genau, wenn sich der Film damit aufpeppen lässt. Das galt auch für den Film Gladiator mit Schauspieler Russell Crowe, mit der Ausnahme, dass die Filmemacher Marcus Aurelius wahrheitsgemäß als großen römischen Kaiser und seinen Sohn Commodus als völligen Versager darstellten.

Der echte Marcus Aurelius galt als großer Kaiser. Er führte ein persönliches Notizbuch, das wir heute *Selbstbetrachtungen* nennen und das als praktischer Leitfaden für ein Leben in einer verrückten Welt dient. So alt es auch ist, lässt es sich perfekt auf die heutige Welt anwenden, weil sich – wie wir bereits wissen – die menschliche Natur nicht verändert.

Auf den Eröffnungsseiten der *Selbstbetrachtungen* dankt Marcus Aurelius seiner Familie und seinen Freunden für das, was sie ihn gelehrt haben: »Von meinem Großvater, gute Moral; von meinem Vater Bescheidenheit; von meiner Mutter Pietät; von meinem Chef harte Arbeit ... « Die Liste geht weiter.

Marcus Aurelius schrieb nicht über die unangenehmen Dinge, die ihm durch Dritte widerfuhren, wie zum Beispiel den Verdruss, den ihm sein Sohn Commodus bereitete. Diesen Verdruss gab er an das römische Volk weiter, als er dem Nichtsnutz zu seinem Thronfolger auserkor. Commodus schwelgte in einem Leben in Luxus und sexuellen Ausschweifungen. Anstatt das Reich zu regieren, kämpfte er im Kolosseum oder feierte wilde Orgien. Seine Vernachlässigung der Regierungsgeschäfte führte dazu, dass das Reich außer Kontrolle geriet.

Indem er den Thron seinem höchst unfähigen Sohn überließ, machte Marcus Aurelius einen großen Fehler, den einige Mafiabosse wiederholt und andere klugerweise vermieden haben.

Für eine lange Zeit teilte Bernardo Provenzano die Führung der sizilianischen Mafia mit Toto Riina. Provenzano und Riina kamen aus dem gleichen Bauernnest. Beide waren in dem sizilianischen Dorf Corleone geboren und aufgewachsen. Sie begannen ihre kriminelle Karriere ungefähr zum gleichen Zeitpunkt und erlebten auf ihrem Weg nach oben ähnliche Höhen und Tiefen. Gemeinsam gelangten sie an die Spitze der Mafia und wurden zum Herrscherduo über ein milliardenschweres Imperium.

Provenzano war ein gutmütiger Mann, der seinen Gefolgsleuten solide Ratschläge erteilte und oft als Friedensstifter wirkte. Viele seiner Männer nannten ihn auch »den Philosophen«. Riina dagegen war schnell mit der Waffe bei der Hand und sein Spitzname lautete »das Ungeheuer«.

Provenzano und Riina hatten beide zwei Söhne, aber angesichts ihrer jeweiligen Spitznamen ist es keine Überraschung, dass nur einer in der Lage war, das Potenzial seines Sohns richtig einzuschätzen.

»[Provenzano] sorgte sich, dass seine Söhne Teil der Cosa Nostra werden können. Er wollte das verhindern, bevor es zu spät war.«[157]
Anti-Mafia-Chefankläger Pietro Grasso

Provenzano wusste, dass seine Söhne, die unter völlig anderen Umständen aufgewachsen waren, als er, überhaupt nicht gerüstet waren, um sich in der Welt der Cosa Nostra zurechtzufinden, geschweige denn, sie zu beherrschen. Daher hielt er sie so weit wie möglich von den Familiengeschäften fern, traf eine Einschätzung über ihre Eigenschaften und geleitete sie auf angemessene Karrierepfade. Beide studierten an der Universität und schlugen eine respektable Berufslaufbahn ein.

Während Provenzano seine Söhne von der organisierten Kriminalität wegführte, zog Riina seine eigenen Söhne näher dorthin. Als Riina lebenslänglich verknackt wurde, ernannte er seinen älteren Sohn Giovanni zum Don.

Als Herrscherduo über die sizilianische Mafia ergänzten sich Provenzano, der Philosoph und Riina, das Ungeheuer. Ihre kombinierten Eigenschaften waren ihr Erfolgsrezept. Giovanni allein war jedoch wie sein Vater ausschließlich Ungeheuer. Ohne einen Partner, der seine Brutalität abfederte, führte er ein blutiges Regime. Er war unfähig zu herrschen und wurde mit 24 Jahren zu ein Dutzend Mal lebenslänglich verurteilt.

»Mit sechs begann ich, den Umgang mit Schusswaffen zu lernen … mein Vater brachte mir bei, … auf den Kopf zu zielen und mindestens zwei Kugeln abzufeuern.«[158]
Albert deMeo, Sohn des Mafia-Auftragsmörders Roy DeMeo

Die Schwierigkeiten, Italien zurzeit von Marcus Aurelius zu regieren oder Italien während der Herrschaft von Provenzano und Riina zu regieren, waren ähnlich. Diese Aufgabe erforderte eine ganz besondere Persönlichkeit, geboren und ausgestattet mit einzigartigen Erfahrungen.

»Ich regiere mit meinem Kopf.«[159]
Bernardo Provenzano

Ihre Kinder, die in einem erfolgreichen Haushalt aufgewachsen sind, verfügen über andere Erfahrungen, die sie möglicherweise nicht dazu befähigen, in Ihre Fußstapfen zu treten.

Wenn Sie dennoch glauben, Ihr Sohn oder Ihre Tochter könne Ihr Geschäft übernehmen und Sie bereit sind, sie dem Führungsstress zu unterziehen, dann versuchen Sie es. Aber treffen Sie die Entscheidung mit dem Kopf, nicht mit dem Herzen.

Lektion 88

Leg die Pistole hin, schöpf die Sahne ab … und hüte dich vor Überheblichkeit

Als ich die Mafia verließ, ließ ich die schlechten Dinge – die Pistole – hinter mir und behielt die Sahne, die ich unterwegs abschöpfte. Diese Formel, die einen Blick zurück in unsere Vergangenheit einschließt, kann maßgeblich dazu beitragen, jemandem dabei zu helfen, ein besserer Mensch zu werden.

Nicht ein einziger Moment unseres Lebens, selbst diejenigen, die wir lieber vergessen würde, ist umsonst gewesen, wenn wir jede unserer Erfahrungen analysieren und aus ihr lernen. Und unsere ganze Weisheit, die aus unserer Vergangenheit erwächst, zeigt sich in den universellen Lektionen, die wir aus einem breiten Studium der Geschichte ziehen können.

Im Verlauf dieses Buches habe ich auf die auffälligen Ähnlichkeiten zwischen historischen Ereignissen und Situationen hingewiesen, die uns im Alltag begegnen. Hin und wieder habe ich die alten Griechen erwähnt. Neben allem anderen, das uns die Griechen gelehrt haben, wiesen sie auf die Neigung erfolgreicher Menschen hin, überheblich und anmaßend zu werden. Nachdem sie Macht und Reichtum angehäuft habe, zeigen Führungspersönlichkeiten aus allen Lebensbereichen oft einen übertriebenen Stolz und Arroganz. Überzeugt von ihrer eigenen Brillianz, nehmen sie vernünftige Ratschläge nicht ernst oder wollen überhaupt keine Ratschläge hören. Das bezeichneten die Griechen als »Hybris« oder auch Anmaßung.

Da die Entscheidungen eines Führers Auswirkungen auf so viele Menschen haben, wirken sich Anmaßung und Überheblichkeit schädlich auf viele Menschen aus. Sollten Sie bis an die Spitze vordringen, warne ich Sie schon jetzt, dass Sie dort auf Ihren größten Gegner treffen werden – sich selbst. Und das führt mich zu einer letzten Lektion, in der ich einen bemerkenswerten Vergleich zwischen drei unterschiedlichen Führungsfiguren anstelle: dem Führer einer Nation, dem Boss einer Mafiafamilie und einem Vorstandsvorsitzenden, die alle drei unter Überheblichkeit litten.

Während seines Regimes verkündete Adolf Hitler lautstark: »Ich bin der Führer eines *tausendjährigen Reiches*.«[160] Hitlers »tausendjähriges Reich« dauerte zwölf Jahre, in deren Verlauf die deutsche Nation zerstört wurde.

Während seines Regimes wurde John Gotti abgehört, als er stolz verkündete: »Dies wird eine Cosa Nostra sein, bis ich sterbe – ob das in einer Stunde, heute Nacht oder in *hundert Jahren* sein wird.«[161]

Gottis »hundertjährige Cost Nostra« geriet in weniger als zwei Jahren, nachdem dieses Gespräch abgehört worden war, ins Taumeln. Seine Gambino-Familie wurde von Informanten auseinandergenommen und erreichte nie wieder ihren herausragenden Einfluss.

Während seiner Amtszeit als Vorstandsvorsitzender, sandte Kenneth Lay eine E-Mail an seine Mitarbeiter, in der es hieß, »Wir sind heute *das beste Unternehmen der amerikanischen Wirtschaft*.«[162]

Lays »bestes Unternehmen«, Enron, brach weniger als vier Monate nach Versand dieser E-Mail zusammen. Die Vernichtung des Unternehmens vollzog sich in so rasantem Tempo und war so grundlegend, dass 20.000 Mitarbeiter 30 Minuten Zeit erhielten, um ihren

Schreibtisch aufzuräumen. Lay wurde angeklagt und, wie Gotti, in einem Strafprozess verurteilt.

>*Deine Furchtbarkeit und der Übermut deines Herzens haben dich verführt, der du in Felsenklüften wohnst, den Gipfel des Hügels innehast. Auch wenn du dein Nest hoch baust wie der Adler, werde ich dich von dort hinabstürzen, sprach Jehova.* «

Jeremias 49:16

Hitler, Gotti und Lay kletterten bis an die Spitze, doch oben angekommen, machte sie der Erfolg schwindelig und überheblich.

Denken Sie immer daran, dass es Jahre dauern kann, bis Sie an die Spitze gelangen, aber nur wenige Minuten dauert, bis Sie vom Thron stürzen. Das Empire State Building hat 1.860 Stufen, die eine Person mit guter Kondition in 30 Minuten erklimmen kann. Ein Sturz aus der Höhe dauert Sekunden – es sei denn, Sie wären Superman und könnten fliegen. Das sind Sie aber nicht, und das ist, was zählt.

Wenn Sie den Erfolg erzielt haben, von dem Sie immer geträumt haben, dann hüten Sie sich vor Überheblichkeit.

Nachwort

Wenige Mafiosi haben Machiavellis Werk *Der Fürst* gelesen, aber fast jeder Mafioso behauptet stolz von sich, »machiavellistisch« zu sein. Sie haben die Vorstellung, machiavellistisch bedeute, »Männer mit Gewalt oder Betrug«[163] zu besiegen, und das gefällt ihnen.

Ich habe Niccolò Machiavellis Buch auch gelesen. Es ist entmutigend zu sehen, dass so viele der heutigen Wirtschaftsbücher im Wesentlichen das, was Machiavelli vor fünfhundert Jahren geschrieben hat, neu verpackt und völlig falsch wiedergegeben haben. Der heutige Mangel an Geschäftsethik lässt sich zum Teil auf diese zeitgenössischen Imitationen zurückführen.

Machiavelli gelang eine absolut akkurate Beschreibung der menschlichen Schwächen. Allerdings sollte es möglich sein in unserem täglichen Kampf gegen unsere niederen Impulse, erfolgreich zu sein. Wir können nicht einfach unseren primitiven Instinkten nachgeben, wie Machiavelli empfiehlt.

Machiavelli sagt uns, wir sollten uns mit allen Mitteln Vorteile verschaffen und die Oberhand behalten, da es so etwas wie Gerechtigkeit, Ehre oder Integrität nicht gebe, und dass Moral in unseren Aktivitäten keine Rolle spielen solle, es sei denn, wie würden heucheln. Aber Machiavelli versäumte, sich mit dieser kleinen Idee namens Karma zu beschäftigen.

Ich habe engen und persönlichen Kontakt mit Männern gehabt, die über eine erhebliche Macht verfügten. Ich habe selbst auch eine gewaltige Macht besessen. Meine Erfahrung beweist, dass unsere Handlungen unleugbare Konsequenzen haben. Indem er diese zentrale Tatsache auslässt, ist Machiavelli möglicherweise für die gewaltigen Reichtümer einer Handvoll Männer und Frauen verantwortlich, denen das Wohlergehen anderer völlig gleichgültig war, sowie für das Unglück von Millionen, die wie wir übrigen Menschen essen, schlafen und atmen.

Zwar können Machiavellis Empfehlungen Ihnen zu Erfolg in Geschäft und Politik verhelfen, aber sie garantieren das Versagen in anderen wichtigen Bereichen des Lebens. Stellen Sie sich vor, wie es wäre, wenn Sie mit einem angeschlagenen Gewissen, ohne Freunde und Verwandte und von allen gehasst allein gelassen werden. Reich, aber arm. Erfolgreich, aber traurig. Von Menschen umgeben, aber einsam. Wollen Sie das? Geld und Macht um jeden Preis?

Machiavellis Ratschläge können Ihnen dabei helfen, höchste Gipfel zu erklimmen, aber Sie werden feststellen, dass es an der Spitze sehr einsam ist; ein armseliges Arschloch, wer unter Verfolgungswahn, schlaflosen Nächten und Gewissensbissen leidet. Diese Leiden werden Sie auf die eine oder andere Weise irgendwann fertigmachen.

Ich saß neben Mafiabossen, als diese sich auf der Höhe ihrer Macht befanden, und teilte mit ihnen dieselbe kakerlakenverseuchte Gefängniszelle, nachdem man ihnen diese Macht genommen hatte. Allein, in privaten Gesprächen, haben einige mir ihre Reue gebeichtet. Vor allem einer sagte mir, seine herausragende Position auf der Straße mache die Schmerzen der Gefängnisstrafe noch größer. Das erinnerte mich an eine Passage, die ich in Cäsars Autobiographie gelesen hatte. Dort hieß es: »Wenn die unsterblichen Götter einen schuldigen Mann bestrafen wollen, gewähren sie ihm oft umso größeren Reichtum und umso längere Straffreiheit, einfach aus dem Grund, um ihr Leiden zu verschlimmern, wenn sie das Glück verlässt.«

Vielleicht erkennen Sie machiavellistische Geschäftsleute, die erfolgreich wirken. Sind Sie mit deren Privatleben vertraut? Können Sie sich die Zukunft vorstellen? Alles was wir tun, ob gut oder schlecht, kommt auf uns zurück.

Konfuzius war ein asiatischer Philosoph, der Weisheit, Gerechtigkeit und Bescheidenheit predigte. Er sagte Führern, sie sollten regieren, aber nicht durch Zwang und Gewalt, sondern durch Tugend.

Seine Philosophie ist dem Machiavellismus diametral entgegengesetzt.

> *»Tugend ist eine Sache, die einem niemand wegnehmen kann.*
> *Geld wechselt dagegen jeden Tag den Besitzer.«*[164]
> Plutarch, *Life of Solon*

Ich rate Ihnen, Machiavellis Werk *Der Fürst* zu lesen, um zu verstehen, wie tief Ihre Wettbewerber sinken können, um sich dann aus dem Schmutz zu erheben und dem Pfad des Konfuzius zu folgen.

Verfolgen Sie echte Ziele. Vermeiden Sie Reue. Und streben Sie danach, unsere Welt zu einem besseren Ort zu machen. Ich versichere Ihnen, dass Sie das können und dabei auch noch reich werden.

Danksagung

Besonderer Dank geht an meinen Freund Harry Stein. Harry und ich haben oft über mein Leben in der Mafia gesprochen. Es war seine Idee, dass die vielen Geschichten, die ich ihm erzählt habe, ein interessantes Buch abgeben würden. Weiterer Dank geht an Nick Pileggi, ein in jeder Hinsicht wahrhaftiger Ehrenmann.

Bedanken möchte ich mich auch bei meinem Vater, meiner Stiefmutter Betty, meiner Schwester Lisa und meinem Schwager Ralph; bei meinen Cousins Donald und Debbie, Denise und John; bei meinem Onkel Anthony und Tante Claudett, Fat George, Rita, Norma und Jerry, Donna C., Louis und seinem Schwiegervater Richie, Ronnie und Tish. Dank an euch alle dafür, dass ihr in diesen schrecklichen Jahren im Gefängnis für mich da gewesen seid.

Mein Dank geht außerdem an »Johnny Parkway« Brunetti, David Black, Tommy Gallagher, Robin Shamburg, Ruda Dauphin, Rabbi Arthur Rulnick, Marshall und Sandy Rulnick, Paul und Karen Dawson, Burt und Suzy Farbman und Bill Yosses sowie an Mario den Gärtner und seinen Bruder John, Dave Berman, John Farrar, Tim Shaw, Billy Rothar, Beth Birnbaum, Kieran und Sarah McLoughlin, Renee Queen, Charles und Joseph Lamberga, Edward Kanaley, Vic Orena Jr., Michael Sessa und Markos Pappas.

Außerdem an Kevin Van Name, der aufstand und seine Zeit im Gefängnis absaß, dann zu einem gesetzestreuen Bürger wurde und Harrison House eröffnete – ein Ort, an dem Alkoholiker und Drogenabhängige auf den richtigen Weg geführt werden.

Danke an den verstorbenen Larry Bauer, Rhoda Pobliner und Richard Messina, der im Gefängnis gestorben ist – danke für alles, was du mir beigebracht hast, Richard.

Danke an den großzügigen W. Dahveed Rubin, der mir meine erste vollständige Ausgabe des Werkes *Der Babylonische Talmud* gesendet hat.

Vielen Dank an meine Freundin und Agentin Lisa Queen und meine Lektoren bei Portfolio, Emily Angell, David Moldawer und Adrian Zackheim.

Danke an meine Liebe Gabriella, die jeden Tag schöner wird.

Danke an meine Mutter Jo Ann, die so hart gearbeitet hat und mich so viel gelehrt hat, aber nie die Früchte ihrer Anstrengungen erlebt hat.

Und ich danke dem allmächtigen Gott, der mir in einer dunklen, einsamen Gefängniszelle die Augen geöffnet hat.

Anmerkungen

1. Roy Rowan, »The Fifty Biggest Mafia Bosses«, *Fortune*, 10. November 1986, S. 24–35.
2. Edgar Snow, *Red Star over China: The Classic Account of the Birth of Chinese Communism*. Erste überarbeitete und erweiterte Ausgabe (New York: Grove Press, 1968), S. 44.
3. Carl Sifakis, *The Mafia Encyclopedia: From Accardo to Zwillman*. Dritte Auflage (New York: Checkmark Books, 2005), S. 418.
4. vgl. Jacques Barzun, *From Dawn to December: 1500 to the Present: 500 Years of Western Cultural Life* (New York: HarperCollins, 2000), S. 328.
5. Pierre de Beaumarchais, *The Marriage of Figaro*. Übersetzt von John Wood (New York: Penguin Books, 2004), S. 199.
6. Louis Antoine Fauvelet de Bourrienne, *Memoirs of Napoleon Bonaparte*. Neue, überarbeitete Ausgabe, Bd. 1, herausgegeben von R. W. Phipps (New York: Charles Scribner's Sons, 1891), S. 401.
7. Selwyn Raab, *Five Families: The Rise, Decline and Resurgence of America's Most Powerful Mafia Empires* (New York: Thomas Dunne Books, 2005), S. 348.
8. John Marzulli, »Colombo boss Alphonse (Allie Boy) Persico sentenced to life in prison for 1999 hit«, *New York Daily News,* 27. Februar 2009.
9. Pino Arlacchi, *Mafia Business: The Mafia Ethic and the Spirit of Capitalism*. Übersetzt von Martin Ryle (London: Verso, 1987), S. 136.
10. *Godfathers Collection: The True History of the Mafia*. 1. Teil, DVD, A & F Home Video/The History Channel, 2004.
11. Äußerung im Rahmen der Ankündigung von Initiativen auf Bundesebene zur Bekämpfung des Drogenhandels und der organisierten Kriminalität. Rede von US-Präsident Ronald Reagan, 14. Oktober 1982, www.reagan.utexas.edu/archives/speeches/1982/101482c.htm.
12. Zwischenbericht Nr. 2 des Kevauver-Ausschusses, 28. Februar 1951, US-Sonderausschuss zur Ermittlung gegen organisierte Kriminalität im zwischenbundesstaatlichen Handel.

13. Selwyn Raab, »Double Portrait of a Man on Trial Astounds Friends«, *New York Times*, 11. April 1995.

14. Selwyn Raab, *Five Families: The Rise, Decline and Resurgence of America's Most Powerful Mafia Empires* (New York: Thomas Dunne Books, 2005), S. 335.

15. Selwyn, Raab, »Double Portrait of a Man on Trial Astounds Friends«, *New York Times*, 11. April 1995.

16. Nicholas Pileggi, »The Mafia Is Good for You«, *The Saturday Evening Post*, 30. November 1968, S. 18.

17. Curt Gentry, *Edgar J. Hoover: The Man and the Secrets* (New York: Plume, 1992), S. 457.

18. *Mobsters: Roy DeMeo, Teil 2: No Turning Back*, The Biography Channel, 2009.

19. Philip Carlo, *The Ice Man: Confessions of a Mafia Contract Killer* (New York: St. Martin's Press, 2006), S. 62.

20. Nicholas Pileggi, *Wise Guy: Life in a Mafia Family* (New York: Pocket Books, 1987), S. 96.

21. Selwyn Raab, *Five Families: The Rise, Decline and Resurgence of America's Most Powerful Mafia Empires* (New York: Thomas Dunne Books, 2005), S. 616.

22. Martin A. Gosch und Richard Hammer, *The Last Testament of Lucky Luciano* (Boston: Little, Brown, and Company, 1975), S. 116.

23. Gene Mustain und Jerry Capeci, *Murder Machine: A True Story of Murder, Madness, and the Mafia* (New York: Onyx, 1993), S. 111.

24. Dennis Eisenberg, Uri Dan und Eli Landau, *Meyer Lansky: Mogul of the Mob* (New York: Paddington Press, 1979), S. 108.

25. Nicholas Pileggi, *Casino: Love and Honor in Las Vegas* (New York: Simon & Schuster, 1995), S. 149.

26. Geoff Colvin, *Talent Is Overrated: What Really Separates World-Class Performers from Everybody Else* (New York: Portfolio, 2008), S. 45.

27. Robert Dallek, *Nixon and Kissinger: Partners in Power* (New York: HarperCollins, 2007), S. 135.

28. Peter Maas, *Underboss: Sammy the Bull Gravano's Story of Life in the Mafia* (New York: HarperTorch, 1997), S. 397.

29. Lawrence H. Larsen und Nancy J. Hulston, *Pendergast!* (Columbia: University of Missouri Press, 1997), S. 184.

30. Peter Maas, *Underboss: Sammy the Bull Gravano's Story of Life in the Mafia* (New York: HarperTorch, 1997), S. 327.

31. Carl Sifakis, *The Mafia Encyclopedia: From Accardo to Zwillman*. Dritte Auflage (New York: Checkmark Books, 2005), S. 144.

32. Philip Carlo, *Gaspipe: Confessions of a Mafia Boss* (New York: Harper, 2009), S. 137.

33. Jonathan Kwitny, *Vicious Circles: The Mafia in the marketplace* (New York: W.W. Norton & Company, 1979), S. 14.

34. William L. Shirer, *The Rise and Fall of the Third Reich: A History of Nazi Germany* (New York: MJF Books, 1988), S. 971.

35. Ibid.

36. Louis Ferrante, *Unlocked: The Life and Crimes of a Mafia Insider* (New York: Harper Paperbacks, 2009), S. 23.

37. Mike La Sorte, »Defining Organized Crime«, AmericanMafia.com Features article 349, Mai 2006.

38. Salvatore Lupo, *La Storia della Mafia*, in Clare Longrigg, *Boss of Bosses: A Journey Into the Heart of the Sicilian Mafia* (New York: Thomas Dunne Books, 2008), S. 67.

39. Frank Sinatra, »That's Life«, von Dean Kay und Kelly Gordon, aufgenommen am 18. Oktober 1966.

40. *Mafia Empire*, DVD, Mpi Home Video, 2006

41. Selwyn Raab, *Five Families: The Rise, Decline and Resurgence of America's Most Powerful Mafia Empires* (New York: Thomas Dunne Books, 2005), S. 42.

42. Ibid, S. 707.

43. *Mafia Empire*, DVD, Mpi Home Video, 2006

44. John H. Davis, *Mafia Kingfish: Carlos Marcello and the Assassination of John F. Kennedy* (New York: Signet, 1989), S. 77.

45. Clare Longrigg, *Boss of Bosses: A Journey Into the Heart of the Sicilian Mafia* (New York: Thomas Dunne Books, 2008), S. 154.

46. *Mafia Empire*, DVD, Mpi Home Video, 2006

47. Adrian Goldsworthy, *Casear: Life of a Colossus*, (New Haven, CT: Yale University Press, 2006), S. 509.

48. Aus *Mafia Wars: The Confessions of Tommaso Bucetta* von Tim Shawcross und Martin Young in *The Mammoth Book of the Mafia*. Herausgegeben von Nigel und Colin Cawthorne (Philadelphia: Running Press, 2009), S. 320.

49. *Godfathers Collection: The True History of the Mafia*, Teil 2. DVD, A&F Home Video/The History Channel, 2004.

50. *Aristophanes, The Birds* in *Aristophanes: The Complete Plays*. Übersetzt von Paul Roche (New York: New American Library, 2005), S. 401.

51. F. Scott Fitzgerald, *The Great Gatsby* (New York: Scribner Paperback Fiction, 1995), S. 181.

52. Joseph Bonanno und Sergio Lalli, *A Man of Honor: The Autobiography of Joseph Bonanno* (New York: St. Martin's Paperbacks, 1983), S. 382.

53. Sam Giancana und Chuck Giancana, *Double Cross: The Explosive Inside Story of the Mobster Who Controlled America* (New York: Warner Books, 1992), S. 185.

54. Hunter S. Thompson, *Song of the Doomed: More Notes on the Death of the American Dream* (New York: Simon & Schuster, 2002), S. 353.

55. Antony Thomas, *Rhodes: The Race for Africa* (London: BBC Books, 1996), S. 296.

56. Nicholas Pileggi, *Casino: Love and Honor in Las Vegas* (New York: Simon & Schuster, 1995), S. 148–149.

57. James Thomas Flexner, *Washington: The Indispensable Man* (Boston: Little, Brown, and Company, 1974), S. 288.

58. Selwyn Raab, *Five Families: The Rise, Decline and Resurgence of America's Most Powerful Mafia Empires* (New York: Thomas Dunne Books, 2005), S. 77.

59. *Godfathers Collection: The True History of the Mafia*, Teil 2. DVD, A&F Home Video/The History Channel, 2004.

60. Mario Puzo, *The Godfather* (New York: G. P. Putnam's fms, 1969), S. 2-33.

61. Simon Sebag Montefiore, *Young Stalin* (London: Phoenix, 2008), S. 205.

62. Nikita Chruschtschow, *Krushchev Remembers*, übersetzt und herausgegeben von Strobe Talbott (Boston: Little, Brown, and Company, 1970), S. xiii.

63. Joseph D. Pistone und Richard Woodley, *Donnie Brasco: My Undercover Life in the Mafia* (New York: Signet, 1997), S. 104.

64. Viktor F. Frankl, *Man's Search for Meaning*, überarbeitet und aktualisiert (New York: Pocket Books, 1997), S. 104.

65. Peter Elkind, *Rough Justice: The Rise and Fall of Eliot Spitzer* (New York: Portfolio, 2010), S. 8.

66. Joseph O'Brien und Andris Kurins, *Boss of Bosses, The Fall oft he Godfather*, Island Books 1991, S. 361

67. Vereinigte Staaten gegen Vittorio Amuso, 1992

68. Peter Maas, *Underboss: Sammy the Bull Gravano's Story of Life in the Mafia* (New York: HarperTorch, 1997), S. 132.

69. Sam Giancana und Chuck Giancana, *Double Cross: The Explosive, Inside Story of the Mobster Who Controlled America* (New York: Warner Books, 1992), S. 162.

70. *Goodfellas*, DVD, Drehbuch von Nicholas Pileggi und Martin Scorsese. Winkler Films, 1990.

71. George Anastasia, *Blood and Honor: Inside the Scarfo Mob, the Mafia's Most Violent Family* (new York: William Morrow, 1991), S. 207.

72. *The Sopranos, »Down Neck«, geschrieben von Robin Green und Mitchell Burgess, erste Staffel, 21. Februar 1999.*

73. Stanley Milgram, *Obedience to Authority: An Experimental View* (New York: Harper Colophon books, 1974), S. 123.

74. Benjamin Franklin, *The Autobiography of Benjamin Franklin,* in *The Autobiography and Other Writings.* Herausgegeben von L. Jesse Lemisch (New York: New American Library, 1985), S. 142.

75. Paul Lunde, *Organized Crime: An Inside Guide to the World's Most Successful Industry* (London: DK, 2004), S. 57.

76. T.J. English, *Paddy Whacked: The Untold Story of the Irish American Gangster* (New York: Regan Books, 2005), S. 307.

77. Selwyn Raab, *Five Families: The Rise, Decline and Resurgence of America's Most Powerful Mafia Empires* (New York: Thomas Dunne Books, 2005), S. 366.

78. Willam Shakespear, *Othello,* in *The Riverside Shakespeare.* Herausgegeben von G. Blakemore Evans (Boston: Houghton Mifflin Company, 1974), S. 1219.

79. Robert J. Schoenberg, *Mr. Capone: The Real – and Complete – Story of Al Capone* (New York: William Morrow & Co, 1992), S. 27.

80. Bryan Appleyard, »Can Everyone Be an Einstein?«, *The Sunday Times* (London), 16. November 2008, Sektion Wissenschaft, S. 23.

81. Oscar Wilde, *A Woman of No Importance* in *The Importance of Being Earnest and Other Plays* (New York: Barnes & Noble Books, 2002), S. 144.

82. Leo Tolstoy, *My Confession* (London: Fount Paperbacks, 1995), S. 7.

83. Ralph Waldo Emerson, *Representative Men.* Herausgegeben von Pamela Schirmeister (New York: Marsilio Publisher s, 1995), S. 156.

84. George Fresolone und Robert J. Wagman, *Blood Oath: The Heroic Story of a Gangster Turned Government Agent Who Brought Down One of America's Most Powerful Mob Families* (New York: Simon & Schuster, 1994), S. 54.

85. Philip Carlo, *Gaspipe: Confessions of a Mafia Boss* (New York: Harper, 2009), S. 183.

86. Peter Maas, *The Valachi Papers* (New York: Harper Paperbacks, 2003), S. 85.

87. Paul Lunde, *Organized Crime: An Inside Guide to the World's Most Successful Industry* (London: DK, 2004), S. 8.

88. Hannah Arendt, *On Violence* (New York: Harcourt, Brace, Jovanovich, 1970), S. 67.

89. Louis Ferrante, *Unlocked: The Life and Crimes of a Mafia Insider* (New York: Harper Paperbacks, 2009), S. 120.

90. Gene Mustain und Jerry Capeci, *Murder, Machine: A True Story of Murder, Madness, and the Mafia* (New York: Onyx, 1993), S. 254.

91. John H. Davis, *Mafia Kingfish: Carlos Marcello and the Assassination of John F. Kennedy* (New York: Signet, 1989), S. 58.

92. Robert J. Schoenberg, *Mr. Capone: The Real – and Complete – Story of Al Capone* (New York: William Morrow & Co., 1992), S. 117.

93. Aus *Mafia Wars: The Confessions of Tommaso Buscetta* von Tim Shawross und Martin Young in *The Mammoth Book of the Mafia*. Herausgegeben von Nigel und Colin Cawthorne (Philadelphia, Running Press, 2009), S. 299.

94. Plutarch, *The Lives of the Noble Grecians and Romans*. Übersetzt von John Dryden, überarbeitet von Arthur Hugh Clough (New York: The Modern Library, 1950), S. 134.

95. Louis Freeh und Howard Means, *My FBI: Bringing Down the Mafia, Investigating Bill Clinton, and Fighting the War on Terror* (New York: St. Martin's Press, 2005), S. 195.

96. Philip Pullella, »Italy seizes $ 1.9 billion of assets as Mafia goes green«, Reuters, 14. September 2010.

97. T. J. English, *Paddy Whacked: The Untold Story of the Irish American Gangster* (New York: Regan Books, 2005), S. 184.

98. Pino Arlacchi, *Mafia Business: The Mafia Ethic and the Spirit of Capitalism*. Übersetzt von Martin Ryle (London: Verso, 1987), S. 118.

99. Ron Chernow, *Titan: The Life of John D. Rockefeller, Sen.* (New York: Random House, 1998), S. 223.

100. Selwyn Raab, *Five Families: The Rise, Decline and Resurgence of America's Most Powerful Mafia Empires* (New York: Thomas Dunne Books, 2005), S. 199.

101. Bill Yenne, *Aces High: The Heroic Saga of the Two Top-Scoring American Aces of World War II* (New York: The Berkley Group, 2009), S. 114.

102. Sam Giancana und Chuck Giancana, *Double Cross: The Explosive Inside Story of the Mobster Who Controlled America* (New York: Warner Books, 1992), S. 75.

103. Jacques Barzun, *From Dawn to Decadence: 1500 to the Present: 500 Years of Western Cultural Life* (New York: HarperCollins, 2000), S. 85.

104. Selwyn Raab, *Five Families: The Rise, Decline and Resurgence of America's Most Powerful Mafia Empires* (New York: Thomas Dunne Books, 2005), S. xi.

105. William F. Roemer, *Accardo: The Genuine Godfather* (New York: Thomas Dunne Books, 2005), S. 136.

106. Tim Pat Coogan, *Eamon de Valera: The Man Who Was Ireland* (New York: HarperCollins, 1995), S. 78.

107. William Shakespeare, *Julius Caesar* in *The Riverside Shakespeare*. Herausgegeben von G. Blakemore Evans (Boston: Houghton Mifflin Company, 1974), S. 1107.

108. Plato, *The Trial and Death of Socrates*. Übersetzt von Benjamin Jowett (New York: Heritage Press, 1963), S. 95.

109. Martin A. Gosch und Richard Hammer, *The Last Testament of Lucky Luciano* (Boston: Little, Brown, and Company, 1975), S. 115.

110. Simon Sebag Montefiore, *Stalin: The Court of the Red Star* (New York: Alfred A. Knopf, 2003), S. 347.

111. Louis Ferrante, *Unlocked: The Life and Crimes of a Mafia Insider* (New York: Harper Paperbacks, 2009), S. 21.

112. G. Lacour-Gayet, *Talleyrand (1754–1838)*, Band 2 (1799–1815) (Paris: Payot, 1930), S. 44.

113. Livy, *A History of Rome, Selections*. Übersetzt von Moses Hadas und Joe P. Poe (New York: The Modern Library, 1962), S. 213.

114. *Godfathers Collection: The True History of the Mafia*, Teil 2. DVD, A&F Home Video/The History Channel, 2004.

115. Scott M. Deitche, *The Silent Don: The Criminal Underworld of Santos Trafficante, Jr.* (Fort Lee, NJ: Barricade Books, Inc., 2007). S. 114.

116. Robert Lacey, *Little Man: Meyer Lansky and the Gangster Life* (Boston: Little, Brown, and Company, 1991), S. 38.

117. Plutarch, *Lives of the Noble Grecians and Romans*. Übersetzt von John

Dryden, überarbeitet von Arthur Hugh Clough (New York: The Modern Library, 1950), S. 200

118. John H. Davis, *Mafia Dynasty: The Rise and Fall of the Gambino Crime Family* (New York: HarperTorch, 1994), S. 296.

119. Ralph Waldo Emerson, *Representative Men*. Herausgegeben von Pamela Schirmeister (New York: Marsilio Publishers, 1995), S. 106.

120. George Anastasia, *Blood and Honor: Inside the Scarfo Mob, the Mafia's Most Violent Family* (New York: William Morrow, 1991), S. 100.

121. Walter Noble Burns, *One Way Ride: The Red Trail of Chicago Gangland from Prohibition to Jake Lingle* (New York: Doubleday, Doran, 1931), S. 33.

122. Peter Green, *Alexander of Macedon, 356–323 B.C.: A Historical Biography* (Berkeley: University of California Press, 1991), S. 410.

123. Martin A. Gosch und Richard Hammer, *The Last Testament of Lucky Luciano* (Boston: Little, Brown, and Company, 1975), S. 127.

124. Carlo D'Este, *Eisenhower: a Soldier's Life* (New York: Henry Holt and Company, 2002), S. 594.

125. William L. Riordan, *Plunkitt of Tammany Hall: A Series of Very Plain Talks on Very Practical Politics* (New York: Signet Classics, 1995), S. 55.

126. Paul Lunde, *Organized Crime: An Inside Guide to the World's Most Successful Industry* (London: DK, 2004), S. 8.

127. Anhörung vor dem Kefauver-Ausschuss, 19. März 1951.

128. Steve Adubato, *What Were They Thinking?: Crisis Communication – The Good, the Bad, and the Totally Clueless* (Piscataway, NJ: Rutgers University Press, 2008), S. 235.

129. Livy, *A History of Rome, Selections*. Übersetzt von Moses Hadas und Joe P. Poe (New York: The Modern Library, 1962), S. 383.

130. Alex Witchel, »A Table at Rao's Forgetaboutit«, *New York Times*, 14. Februar 1996.

131. Selwyn Raab, *Five Families: The Rise, Decline and Resurgence of America's Most Powerful Mafia Empires* (New York: Thomas Dunne Books, 2005), S. 199.

132. Jonathan Kwitny, *Vicious Circles: The Mafia in the Marketplace* (New York: W.W. Norton & Company, 1979), S. 66.

133. Peter Maas, *Underboss: Sammy the Bull Gravano's Story of Life in the Mafia* (New York: HarperTorch, 1997), S. 134.

134. Robert Saviano, *Gomorrha. Reise in das Reich der Camorra* (Carl Hanser Verlag GmbH & Co. KG, 2007)
135. Richard West, *Tito and the Rise and fall of Yugoslavia*(New York, Caroll& Graf Publishers, Inc.), S. 330.
136. Plutarch, *Lives of the Noble Grecians and Romans.* Übersetzt von John Dryden, überarbeitet von Arthur Hugh Clough (New York: The Modern Library, 1950), S. 11.
137. Clare Longrigg, *Boss of Bosses: A Journey into the Heart of the Sicilian Mafia* (New York: Thomas dunne Books, 2008), S. 177.
138. Ibid.
139. Frank Ragano und Selwyn Raab, *Mob Lawyer: Including the Inside Account of Who Killed Jimmy Hoffa and JFK* (New York: Charles Scribner's Sons, 1994), S. 218.
140. Ibid, S. 294.
141. Robert J. Schoenberg, *Mr. Capone: The Real – and Complete – Story of Al Capone* (New York: William Morrow & Co, 1992), S. 292.
142. Carl Sifakis, *The Mafia Encyclopedia: From Accardo to Zwillman.* Dritte Auflage (New York: Checkmark Books, 2005), S. 94.
143. John H. Davis, *Mafia Kingfish: Carlos Marcello and the Assassination of John F. Kennedy* (New York: Signet, 1989), S. 66.
144. George Fresolone and Robert J. Wagman, *Blood Oath: The Heroic Story of a Gangster Turned Government Agent Who Brought Down One of America's Most Powerful Mob Families* (New York: Simon & Schuster, 1994), S. 59.
145. Robin Neillands, *Wellington and Napoleon: A Clash of Arms* (New York: Sterling Pub., 2002). S. 45.
146. Christopher Hibbert, *Wellington: A Personal History* (Reading, MA: Perseus Books, 1997), S. 14.
147. Gus Russo, *The Outfit: The Role of Chicago's Underworld in the Shaping of Modern America* (New York: Bloomsbury, 2001), S. 366.
148. Anthony M. DeStefano, *The Last Godfather: Joseph Massino and the Fall of the Bonanno Crime Family* (New York: Citadel Press, 2006), S. 168.
149. Robert J. Schoenberg, *Mr. Capone: The Real – and Complete – Story of Al Capone* (New York: William Morrow & Co., 1992), S. 24.
150. Michael Riley, »A new tack against Wal-Mart«, *The Denver Post*, 6. September 2004, S. C-01.

151. Roberto Saviano, *Gomorrah: A Personal Journey into the Violent International Empire of Naples' Organized Crime System*. Übersetzt von Virginia Jewiss (New York: Picador, 2008), S. 113.

152. J. K. Hoyt, The Cyclopedia of Practical Quotations: Englisch, Latin & Modern Foreign Language (New York, Funk and wagnalls, 1896)

153. David Prosser, »The dizzy heights«, *The Independent* (London), 15. Juni 2010, S. 10.

154. John Gotti, Jr., *60 Minutes,* Interview mit Steve Kroft, 11. April 2010.

155. Joey Black und David Fisher, *Joey the Hitman: The Autobiography of a Mafia Killer* (New York: Thunder's Mouth Press, 2002), S. 201.

156. T. J. English, *Paddy Whacked: The Untold Story of of the Irish American Gangster* (New York: Regan Books, 2005), S. 144.

157. Clare Longrigg, *Boss of Bosses: A Journey into the Heart of the Sicilian Mafia* (New York: Thomas Dunne Books, 2008), S. 208.

158. Albert DeMeo und Mary Jane Ross, *For the Sins of My Father: A mafia Killer, His Son, and the Legacy of a Mob Life* (New York: Broadway Books, 2003), S. 51-52.

159. Clare Longrigg, *Boss of Bosses: A Journey into the Heart of the Sicilian Mafia* (New York: Thomas dunne Books, 2008), S. 178.

160. John Toland, *Adolf Hitler, The Definitive Biography* (New York, Anchor Books 1992), S. 693

161. Michael Woodiwiss, *Organzied Crime and American Power, A History* (Canada, University of Toronto Press, 2001), S.287

162. Aus einer E-Mail von Kenneth Lay an die Eron-Mitarbeiter vom 8. August 2001, aus: »The Enron Investigation: Key Documents«, *Washingthon Post Online*

163. Niccolo Machiavelli, *The Discourse*. Herausgegeben von Bernard Crick, übersetzt von Leslie J. Walker. Überarbeitungen von Brian Richardson (New York: Penguin Boos, 1978, S. 310.

164. Plutarch, *Lives of the Noble Grecians and Romans*. Übersetzt von John Dryden, überarbeitet von Arthur Hugh Clough (New York: The Modern Library, 1950), S. 98.

Literaturhinweise

Bücher

Adubato, Steve, *What Were They Thinking?: Crisis Communication – The Good, the Bad, and the Totally Clueless.* Piscataway, N.J.: Rutgers University Press, 2008.

Anastasia, George, *Blood and Honor: Inside the Scarfo Mob, the Mafia's Most Violent Family.* New York: William Morrow, 1991.

Archaelogical Study Bible: An Illustrated Walk Through Biblical History and Culture. Herausgegeben von Walter C. Kaiser Jr. und Duane Garrett, Rand Rapids, Mich.: Zondervan Press, 2005.

Arendt, Hannah. *On Violence.* New York: Harcourt, Brace, Jovanovich, 1970. (Deutscher Titel: *Über das Böse. Eine Vorlesung zu Fragen der Ethik,* Piper Taschenbuch, 1970)

Aristophanes, *Aristophanes: The Complete Plays.* Übersetzt von Paul Roche. New York: New American Library, 2005.

Arlacchi, Pino, *Mafia Business: The Mafia Ethic and the Spirit of Capitalism.* Überstzt von Martin Ryle. London: Verso, 1987. (Deutscher Titel: Mafiose Ethik und der Geist des Kapitalismus: Die unternehmerische Mafia, Cooperative, 1989)

Asada, Sadao, *From Mahan to Pearl Harbor: The Imperial Japanese Navy and the United States.* Annpolis, MD.: Naval Institute Press, 2006.

Aurelius, Marcus, *Meditations.* Übersetzt von Maxwell Staniforth, London: The Folio Society, 2003. (Deutscher Titel: Selbstbetrachtungen, Marixverlag, 2004)

Barzun, Jacques, *From Dawn to Decadence: 1500 to the Present: 500 Years of Western Cultural Life.* New York: Harper Collins, 2000.

Beaumarchais, Pierre de, *The Marriage of Figaro.* Übersetzt von John Wood. New York: Penguin Books, 2004.

Black, Joey und David Fischer, *Joey the Hit Man: The Autobiography of Mafia Killer.* New York; Thunder's Mouth Press, 2002.

Bonanno, Joseph und Sergio Lalli, A Man of Honor: *The Autobiography of Joseph Bonanno*. New York: St. Martin's Paperbacks, 1983.

Bourrienne, Louis Antoine Fauvelet de, *Memoirs of Napoleon Bonaparte*. Neue und überarbeitete Ausgabe. Herausgegeben von R. W. Phipps. Band 1. New York: Charles Scribner's Sons, 1891.

Brands, H. W., *The Age of Gold: The California Gold Rush and the New American Dream*. New York: Doubleday, 2002.

Bullock, Alan, *Hitler: A Study in Tyranny*. New York: Konecky and Konecky, 1962.

Burns, Walter Noble, *The One Way Ride: The Red Trail of Chicago Gangland from Prohibition to Jake Lingle*. New York: Doubleday, Doran, 1931.

Caesar, Julius, *The Gallic Wars and the Civil War*. Übersetzt von John Worrington. London: Heron Books, 1970. (Deutscher Titel: *De bello Gallico – der Gallische Krieg*, Patmos Verlag, 2008)

Capeci, Jerry und Gene Mustain, *Gotti: Rise and Fall*. New York: Onyx, 1996.

Carlo, Philip, Gaspipe: *Confessions of a Mafia Boss*. New York: Harper, 2009.

– , *The Ice Man: Confessions of Mafia Contract Killer*. New York: St. Martin's Press, 2006.

Chernow, Ron, Titan: *The Life of John D. Rockefeller*, Sen. New York: Random House, 1998.

Chruschtschow, Nikita, *Khrushchev Remembers*. Übersetzt und herausgegeben von Strobe Talbott. Boston: Little, Brown, and Company, 1970. (Deutscher Titel: *Chruschtschow erinnert sich*, Büchergilde, 1971)

Colvin, Geoff, Talent *Is Overrated: What Really Separates World-Class Performers from Everybody Else*. New York: Portfolio, 2008. (Deutscher Titel: *Talent wird überschätzt: Welche Erfolgsfaktoren wirklich zählen*, Ariston, 2009)

Coogan, Tim Pat, Eamon de Valera: The Man Who Was Ireland. New York: HaperCollins, 1995.

Dallek, Robert, Nixon and Kissinger: *Partners in Power*. New York: HarperCollins, 2007.

Danziger, Danny und John Gillingham, *1215: The Year of Magna Carta*. New York: Touchstone Books, 2004.

Davis, John H., Mafia Dynasty: *The Rise and Fall of the Gambino Crime Family*. New York: HarperTorch, 1994

– , *Mafia Kingfish: Carlos Marcello and the Assassination of John F. Kennedy*. New York: Signet, 1989.

Deitche, Scott M., *The Silent Don: The Criminal Underworld of Santo Traff-icante*, Jr. Fort Lee, NJ: Barricade Books, Inc., 2007.

DeMeo, Albert und Mary Jane Ross, For the Sins of My *Father: A Mafia Killer, His Son, and the Legacy of a Mob Life*. New York: Broadway Books, 2006.

DeMille, Nelson, The Gold Coast. New York: Warner Books, 2006.

D'Este, Carlo, Eisenhower: *A Soldier's Life*. New York: Henry Holt and Company, 2002.

DeStefano, Anthony M., *The Last Godfather: Joseph Massino and the Fall of the Bonanno Crime Family*. New York: Citadel Press, 2006.

Eisenberg, Dennis; Uri Dan und Eli Landau, *Meyer Lansky: Mogul of the Mob*. New York, Paddington Press, 1979.

Elkind, Peter, *Rough Justice: The Rise and Fall of Eliot Spitzer*. New York: Portfolio, 2010.

Ellis, Walter M., *Alcibiades*. London: Routledge, 1989.

Emerson, Ralph Waldo, *Representative Men*. Herausgegeben von Pamela Schirmeister. New York: Marsilio Publishers, 1995. (Deutscher Titel: *Repräsentanten der Menschheit: Sieben Essays,* Diogenes Taschenbuch, 2003)

English, T. J., *Paddy Whacked: The Untold Story of the Irish American Gang-ster*. New York: Regan Books, 2005.

Ferrante, Louis, *Unlocked: The Life and Crimes of a Mafia Insider*. New York: Harper Paperbacks, 2009.

Fiandaca, Giovanni, *Women and the Mafia: Female Roles in Organized Crime Structures*. New York: Springer, 2007.

Fitzgerald, F. Scott, *The Great Gatsby*. New York: Scribner Paperback Fic-tion, 1995. (Deutscher Titel: *Der große Gatsby,* Diogenes, 2006)

Flexner, James Thomas, Washington: *The Indispensable Man*. Boston: Lit-tle, Brown, and Company, 1974.

Follain, John, *The Last Godfathers: Inside the Mafia's Most Infamous Family*. New York: Thomas Dunne Books, 2009.

Frankl, Viktor F., *Man's Search for Meaning,* überarbeitet und aktualisiert. New York: Pocket Books, 1997. (Deutscher Titel: *Der Mensch vor der Frage nach dem Sinn,* Piper Taschenbuch, 1985)

Franklin, Benjamin, *The Autobiography and Other Writings*. Herausgegeben von L. Jesse Lemisch. New York: New American Library, 1985. (Deut-scher Titel: *Autobiographie,* Beck C.H., 2003)

Fraser, Antonia, *Cromwell: Our Chief of Men*. London: Weidenfeld and Nicolson, 1973.

Freeh, Louis und Howard Means, *My FBI: Bringing Down the Mafia, Investigating Bill Clinton and Fighting the War on Terror.* New York: St. Martin's Press, 2005.

Fresolone, George und Robert J. Wagman, *Blood Oath: The Heroic Story of a Gangster Turned Government Agent Who Brought Down One of America's Most Powerful Mob Families.* New York: Simon & Schuster, 1994.

Freud, Sigmund, *Beyond the Pleasure Principle.* Seattle, WA: Pacific Publishing Studio, 2010. (Deutscher Titel: *Jenseits des Lustprinzips,* Nabu Press, 2010)

Friedrich, Otto, *City of Nets: A Portrait of Hollywood in the 1940s.* Berkeley: University of California Press, 1997.

Gentry, Curt, Edgar *J. Hoover: The Man and the Secrets.* New York: Plume, 1992.

Giancana, Sam und Chuck Giancana, *Double Cross: The Explosive, Inside Story of the Mobster Who Controlled America.* New York: Warner Books, 1992.

Goldsworthy, Adrian, *Casear: Life of a Colossus.* New Haven, CT: Yale University Press, 2006.

Gosch, Martin A. und Richard Hammer, *The Last Testament of Lucky Luciano.* Boston: Little, Brown, and Company, 1975.

Green, Peter, *Alexander of Macedon, 356–323 B.C.: A Historical Biography.* Berkeley: University of California Press, 1991.

Herodotus, *The Histories.* Überarbeitete Auflage. Übersetzt von Aurbrey de Selincourt. New York: Penguin Books, 2003. (Deutscher Titel: Die *Bücher der Geschichte,* Reclam 1972)

Hibbert, Christopher, *The House of Medici: Its Rise and Fall.* New York: Morrow Quill Paperbacks, 1980.

– , *Wellington: A Personal History.* Reading, MA: Perseus Books, 1997.

Hoyt, Edwin P., *Yamamoto: The Man Who Planned Pearl Harbor,* New York: McGraw-Hill, 1990.

Hoyt. J.K., *Cyclopedia of Practical Quotations: English, Latin & Modern Foreign Languages.* A New Edition, überarbeitet, korrigiert und erweitert. New York: Funk and Wagnalls, 1896.

King, Ross, *Brunelleschi's Dome: How A Renaissance Genius Reinvented Architecture.* New York: Walker Publishing Co., 2000.

Konfuzius, *Confucius Analects, with Selections from Traditional Commentaries.* Übersetzt von Edward Slingerland. Indianapolis, IN: Hackett Publishing Company, 2003.

Kwitny, Jonathan, *Vicious Circles: The Mafia in the Marketplace*. New York: W. W. Norton & Company, 1979.

Lacey, Robert, *Little Man: Meyer Lansky and the Gangster Life*. Boston: Little, Brown, and Compnay, 1991.

Lacour-Gayet, G., *Talleyrand* (1754–1838), Band 2 (1799–1815). Paris: Payot, 1930. (Deutscher Titel: *Talleyrand. 3 Bände*. 1754–1799; 1799–1815; 1815-1838, Payot, 1979)

Larsen, Lawrence, H. und Nancy J. Hulston, *Pendergast!*, Columbia: University of Missouri Press, 1997.

Livy, *A History of rome, Selections*. Übersetzt von Moses Hadas und Joe P. Poe. New York: The Modern Library, 1962.

Longrigg, Clare, Boss of *Bosses: A Journey into the Heart of the Sicilian Mafia*. New York: Thomas Dunne Books, 2008. (Deutscher Titel: *Der Pate der Paten. Wie Bernardo Provenzano die Mafia organisierte*, Herbig, 2009)

Lunde, Paul, *Organized Crime: An Inside Guide to the World's Most Successful Industry*. London: DK, 2004.

Maas, Peter, *Underboss: Sammy the Bull Gravano's Story of Life in the Mafia*. New York: HarperTorch, 1997. (Deutscher Titel: *Underboss. Ich war der zweite Mann. Die Lebensgeschichte des Mafia-Bosses Sammy »The Bull« Gravano*, Scherz Verlag, 1998)

– , *The Valachi Papers*. New York: Harper Paperbacks, 2003.

McCullough, David, *Truman*. New York: Simon and Schuster, 1992.

Machiavelli Niccolò, *The Discourses*. Herausgegeben von Bernard Crick, übersetzt von Leslie J. Walker, S.J. mit Überarbeitungen von Brian Richardson. New York: Penguin Books, 1978. (Deutscher Titel: *Discorsi: Staat und Politik*, insel taschenbuch, 2000)

– , *The Prince, with Selections from The Discourses*. Herausgegeben und übersetzt von Daniel Donno. New York: Bantam Books, 1985. (Deutscher Titel: *Der Fürst*, Nikol Verlag, 2009)

Mammoth Book of the Mafia: First-Hand Accounts of Life Inside the Mob. Herausgegeben von Nigel Cawthorne und Colin Cawthorne. Philadelphia: Running Press, 2009.

Manchester, William, *American Caesar: Douglas MacArthur, 1880–1964*. Boston: Little, Brown, and Company, 1978.

Mangione, Jerre und Ben Morreale, *La Storia: Five Centuries of the Italian Immigrant Experience*. New York: Harper Perennial, 1993.

Marek, George R., Beethoven: *Biography of a Genius.* New York: Funk and Wagnalls, 1969.

Milgram, Stanley. *Obedience to Authority: An Experimental View.* New York: Harper Colophon Books, 1974.

Montefiore, Simon Sebag, *Stalin: The Court of the Red Star.* New York: Alfred A. Knopf, 2003.

– , *Young Stalin.* London: Phoenix, 2008.

Mustain, Gene und Jerry Capeci, *Murder Machine: A True Story of Murder, Madness, and the Mafia.* New York: Onyx, 1993.

Neilland, Robin, *Wellington and Napoleon: A Clash of Arms.* New York: Sterling Pub., 2002.

O'Brien, Joseph F. und Andris Kurins, *Boss of Bosses: The Fall of the Godfather: The FBI and Paul Castellano.* New York: Island Books, 1991.

Pasley, Fred D., *Al Capone: The Biography of a Self-Made Man.* Whitefish, MT: Kessinger Publishing, 2004.

Pileggi, Nicholas, *Casino: Love and Honor in Las Vegas.* New York: Simon & Schuster, 1995. (Deutscher Titel: *Casino,* Droemer Knaur, 1995)

– , *Wise Guy: Life in a Mafia Family.* New York: Pocket Books, 1987.

Pistone, Joseph D. und Richard Woodley, D*onnie Brasco: My Undercover Life in the Mafia.* New York: Signet, 1997. (Deutscher Titel: *Donnie Brasco,* Bastei Lübbe, 1997)

Plato, *The Trial and Death of Socrates.* Übersetzt von Benjamin Jowett. New York: Heritage Press, 1963.

Plutarch, *The Lives of the Noble Greciani and Romano.* Übersetzt von John Dryden. Überarbeitet von Arthur Hugh Clough. New York: The Modern Library, 1950. (Deutscher Titel: *Große Griechen und Römer,* Artemis Winkler, 2010)

Puzo, Mario, *The Godfather.* New York: G. P. Putman's Sons, 1969. (Deutscher Titel: *Der Pate,* rororo, 2001)

Raab, Selwyn, *Five Families: The Rise, Decline, and Resurgence of America's Most Powerful Mafia Empires.* New York: Thomas Dunne Books, 2005.

Ragano, Frank und Schwyn Raab, *Mob Lawyer: Including the Inside Account of Who Killed Jimmy Hoffa and JFK.* New York: Charles Scribner's Sons, 1994.

Ridley, Jasper, *Mussolini: A Biography.* New York: St. Martin's Press, 1998.

Riordan, William I., *Plunkitt of Tammany Hall: A Series of Very Plain Talks on Very Practical Politics.* New York: Signet Classics, 1995.

Roemer, William F., Jr., *Accardo: The Genuine Godfathers.* New York: Ivy Books, 1996.

Rudolph, Robert, *The Boys from New Jersey: How the Mob Beat the Feds.* New Brunswick, NJ: Rutgers University Press, 1995.

Russo, Gus, *The Outfit: The Role of Chicago's Underworld in the Shaping of Modern America.* New York: Bloomsbury, 2001.

Saggio, Frankie und Fred Rosen, *Born to the Mob: The True-Life Story of the Only Men to Work for All Five of New York's Mafia Families.* New York: Thunder's Mouth Press, 2004.

Saviano, Roberto, *Gomorrah: A Personal Journey into the Violent International Empire of Naples' Organized Crime System.* Übersetzt von Virginia Jewiss. New York: Picador, 2008. (Deutscher Titel: *Gomorrha: Reise in das Reich der Camorra,* dtv, 2009)

Schoenberg, Robert J., *Mr. Capone: The Real – und Complete – Story of Al Capone.* New York: William Morrow & Co, 1992. (Deutscher Titel: *Al Capone,* Bibliographisches Institut, 2001)

Shakespeare, William, *The Riverside Shakespeare.* Herausgegeben von G. Blakemore Evans. Boston: Houghton Miftlin Company, 1974.

Shirer, William I., *The Rise and Fall of the Third Reich: A History of Nazi Germany.* New York: MJF Books, 1988. (Deutscher Titel: *Aufstieg und Fall des Dritten Reiches,* Zweitausendeins, 1990)

Sifakis, Carl, *The Mafia Encyclopedia: From Accardo to Zwillman.* Dritte Auflage. New York: Checkmark Books, 2005.

Snow, Edgar, *Red Star over China: The Classic Account of the Birth of Chinese Communism.* Erste überarbeitete und erweiterte Auflage. New York: Grove Presse, 1968. (Deutscher Titel: *Roter Stern über China. Mao Tsetung und die chinesiche Revolution,* Fischer Taschenbuchverlag, 1974)

Sophocles, *The Oedipus Cycle: Oedipus Rex, Oedipus at Colonna, and Antigone.* Englische Ausgaben von Dudley Fitts und Robert Fitzgerald. New York: Harcourt, Brace. Jovanovich Publishers, 1977.

Suctonius, Gaius Tranquillus, *The Twelve Caesars.* Übersetzt von Robert Graves. London: The Folio Society. 2002.

Thomas, Antony, Rhodes: *The Race for Africa.* London: BBC Books, 1996.

Thompson, Hunter S., *Song of the Doomed: More Notes on the Death of the American Dream.* New York: Simon & Schuster, 2002.

Thucydides, *The Pelopennesian War.* Übersetzt von Benjamin Jowett. New York: Bantam Books, 1960. (Deutscher Titel: *Der Peloponnesische Krieg,* Reclam, 2000)

Toland, John, *Adolf Hitler: The Definite Biography.* New York: Anchor Books, 1992. (Deutscher Titel: Adolph Hitler. Biographie 1889-1945, Weltbild, 2004)

Tolstoy, Leo, *My Confession.* London: Fount Paperbacks, 1905. (Deutscher Titel: *Meine Beichte,* insel taschenbuch, 2010)

West, Richard, *Tito and the Rise and Fall of Yugoslavia.* New York: Carroll and Graf Publishers, Inc., 1996.

Wilde, Oscar, *The Importance of Being Earnest and Other Plays.* New York: Barnes & Noble Books, 2002.

Woodiwiss, Michael, *Organized Crime and American Poser:* A History. Canada: University of Toronto Press, 2001.

Yallop, David A., *In God's Name: An Investigation into the Murder of Pope John Paul I.* Toronto: Bantam Books, 1984. (Deutscher Titel: *Im Namen Gottes? Der mysteriöse Tod des 33-Tage-Papstes Johannes Paul I. Tatsachen und Hintergründe,* Knaur, 1988)

Yenne, Bill, *Aces High: The Heroic Saga of the Two Top-Scoring American Aces of World War II.* New York: Berkley Publishing Group, 2009.

Artikel, Berichte und Transkripte

Appleyard, Bryan, »Can Everyone Be an Einstein?«, *London Sunday Times,* 16. November 2005, Sektion Wissenschaft, S. 34.

Brown, Nick, »Maltese Stands by His Mob Faux Pas«, *The Queens Courier,* 29. November 2007.

»The Conglomerate of Crime«, *Times,* 22. August 1969, S. 11.

»The Enron Investigation: Key Documents«, *The Washington Post Online,* www.washingtonpost.com/wp-srv/business/daily/transcripts/enron_keydocuments.html.

Zwischenbericht Nr. 2 des Kefauver-Ausschusses, 28. Februar 1951, US-Sonderausschuss des Senats zur Ermittlung gegen organisierte Kriminalität im Handel zwischen den Bundesstaaten.

La Sorte, Mike, »Defining Organized Crime«, Mai 2006, www.american-mafia.com/Feature_Articles_349.html.

McPhee, Michele, »Brasco's Long Wait. After 20 Years, Ex-Agent Applauds Mob Bust«, *New York Daily News,* 19. Januar 2003.

Marzulli, John, »Colombo Boss Alphonse (Allie Boy) Persico Sentenced to Life in Prison for 1999 Hit«, *New York Daily News*, 27. Februar 2009.

– , »He's a Jolly Goodfella: Queens Beep Honors a Reputed Mobster«, *New York Daily News,* 14. Februar 2004.

Pileggi, Nicholas, »The Mafia Is Good For You«, *Sunday Evening Post,* 30. November 1968, S. 18–21.

Prosser, David, »The Dizzy Heights«, *The Independent* (London), 15. Juni 2010, S. 10.

Pullella, Philip, »Italy Seizes $ 1.9 Billion of Assets as Mafia Goes Green«, Reuters, 4. September 2010.

Raab, Selwyn, »Double Portrait of a Man on Trial Astounds Friends«, *New York Times*, 11. April 1995.

Rashbaum, William K., »Company with Big City Contracts Is Tied to Mob Schemes in Affidavit«, *New York Times*, 2. Juli 2008.

»Remarks Announcing Federal Initiatives Against Drug Trafficking and Organized Crime.« Rede des US-Präsidenten Ronald Reagan, 14. Oktober 1982, www.reagan.utexas.edu/archives/speeches/1982/101482c. htm.

Riley, Michael, »A new tack against Wal-Mart«, *The Denver Post,* 6. September 2004. S. C-01.

Rowan, Roy, »The Fifty Biggest Mafia Bosses«, *Fortune,* 10. November 1986, S. 24–35.

US-Kongress. Senat. Sonderausschuss zur Ermittlung gegen organisierte Kriminalität im Handel zwischen den Bundesstaaten, Band: pt. 7. Aussage von Frank Costello (Kefauver-Anhörung) am 19. März 1951. www. archive.org/details/investigationfo07unit.

United States vs. Vittorio Amuso. United States District Court, Eastern District of New York, 1992.

Witchel, Alex, »A Table at Rao's Forgetaboutit«, *New York Times*, 14. Februar 1990.

Dokumentarfilme und TV-Sendungen

Godfathers Collection: True History of the Mafia. DVD. Zwei Bände. A & F. Home Video/The History Channel, 2004.

Gotti, John, Jr., *60 Minutes,* Interview mit Steve Kroft, 11. April 2010.

Mafia Empire, DVD. Mpi Home Video, 2006.

Mobsters: Roy DeMeo. Produziert von Greg Scott. The Biography Channel, 2009.

The Sopranos, Folge »Down Neck«. Drehbuchautoren: Robin Green und Mitchell Burgers. Regie: Lorraine Senna Ferrara. Erste Staffel, 21. Februar 1999.

Filme

Goodfellas. DVD. Drehbuchautor: Nicholas Pileggi und Martin Scorsese. Regie: Martin Scorsese. Winkler Films, 1990.

Tonaufnahmen

Sinatra, Frank, »That's Life«. Geschrieben von Dean Kay und Kelly Gordon. Aufgenommen am 18. Oktober 1966. *That's Life.* Reprise Records, 1966. Produziert von Jimmy Bowen. Vinyl-Schallplatte.

Stichwortverzeichnis